計算 スタートアップドリル

3年

JN132639

このドリルでは、
2年生で学しゅうした
計算もんだいを
おさらいします。

年　　組

1 つぎの たし算の ひっ算を しましょう。

　月　　日

① 　32
　+46

② 　65
　+34

③ 　18
　+26

④ 　36
　+25

⑤ 　53
　+39

⑥ 　24
　+67

⑦ 　43
　+30

⑧ 　38
　+52

⑨ 　73
　+ 8

⑩ 　 6
　+29

2 つぎの たし算を ひっ算で しましょう。

　月　　日

① 16+41

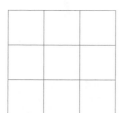

② 37+23

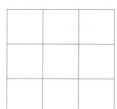

③ 43+5

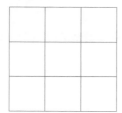

④ 6+27

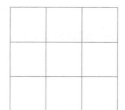

★ できた もんだいには、
「た」を かこう！
1 でき 2 でき

1 つぎの ひき算の ひっ算を しましょう。

月　　日

①　　85
　　−34

②　　72
　　−40

③　　69
　　−62

④　　36
　　−　2

⑤　　43
　　−17

⑥　　57
　　−29

⑦　　65
　　−46

⑧　　92
　　−54

⑨　　60
　　−26

⑩　　23
　　−　9

2 つぎの ひき算を ひっ算で しましょう。

月　　日

①　93−57

②　53−45

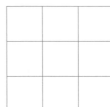

③　80−43

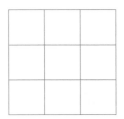

④　42−6

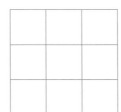

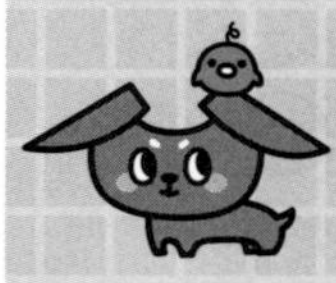

3 何十の　計算
何百の　計算

★できた　もんだいには、「た」を　かこう！

1 でき　2 でき

1 たし算を　しましょう。

月　日

① 40＋90　② 80＋60

③ 50＋70　④ 20＋90

⑤ 60＋90　⑥ 90＋80

⑦ 100＋600　⑧ 200＋600

⑨ 400＋500　⑩ 200＋800

2 ひき算を　しましょう。

月　日

① 110－70　② 140－90

③ 130－50　④ 170－90

⑤ 150－70　⑥ 120－80

⑦ 400－200　⑧ 600－100

⑨ 900－600　⑩ 1000－400

4 たし算の あん算
ひき算の あん算

1 あん算で しましょう。

① $13+7$　　　　② $38+2$

③ $65+5$　　　　④ $46+4$

⑤ $16+5$　　　　⑥ $27+6$

⑦ $42+9$　　　　⑧ $58+6$

⑨ $39+9$　　　　⑩ $73+8$

2 あん算で しましょう。

① $30-4$　　　　② $80-7$

③ $50-2$　　　　④ $60-8$

⑤ $23-6$　　　　⑥ $54-9$

⑦ $47-8$　　　　⑧ $63-5$

⑨ $71-3$　　　　⑩ $92-8$

1 つぎの たし算の ひっ算を しましょう。

月　　日

① 　 5 3
　 ＋ 6 2

② 　 4 7
　 ＋ 8 1

③ 　 6 2
　 ＋ 9 5

④ 　 3 4
　 ＋ 7 2

⑤ 　 2 7
　 ＋ 9 6

⑥ 　 6 4
　 ＋ 7 8

⑦ 　 5 6
　 ＋ 8 9

⑧ 　 4 8
　 ＋ 6 2

⑨ 　 2 7
　 ＋ 7 5

⑩ 　 　 6
　 ＋ 9 8

2 つぎの たし算を ひっ算で しましょう。

月　　日

① 84＋79

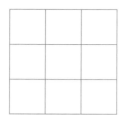

② 26＋74

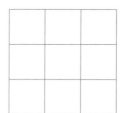

③ 57＋48

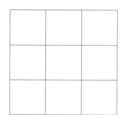

④ 98＋3

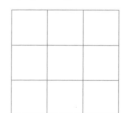

6 たし算の ひっ算②

1 つぎの たし算の ひっ算を しましょう。

月　日

① 　46
　＋72

② 　35
　＋92

③ 　81
　＋64

④ 　45
　＋62

⑤ 　39
　＋82

⑥ 　67
　＋85

⑦ 　74
　＋59

⑧ 　27
　＋73

⑨ 　49
　＋59

⑩ 　94
　＋　7

2 つぎの たし算を ひっ算で しましょう。

月　日

① 58＋96

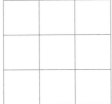

② 68＋72

③ 87＋19

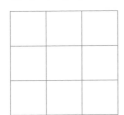

④ 7＋96

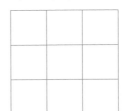

7 ひき算の ひっ算①

1 つぎの ひき算の ひっ算を しましょう。

月　　日

①　　128
　　－ 65

②　　115
　　－ 41

③　　146
　　－ 54

④　　109
　　－ 92

⑤　　132
　　－ 47

⑥　　156
　　－ 89

⑦　　141
　　－ 75

⑧　　102
　　－ 83

⑨　　104
　　－ 97

⑩　　100
　　－　8

2 つぎの ひき算を ひっ算で しましょう。

月　　日

① 113－68

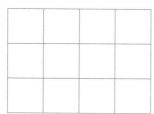

② 105－38

③ 102－9

④ 100－43

1 つぎの ひき算の ひっ算を しましょう。

月　日

①　　138
　　−　46

②　　145
　　−　71

③　　154
　　−　93

④　　108
　　−　27

⑤　　163
　　−　96

⑥　　117
　　−　89

⑦　　143
　　−　78

⑧　　105
　　−　　6

⑨　　102
　　−　95

⑩　　100
　　−　17

2 つぎの ひき算を ひっ算で しましょう。

月　日

① 125−86

② 106−47

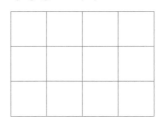

③ 101−93

④ 100−4

9

3けたの　数の
たし算の　ひっ算

★ できた　もんだいには、
「た」を　かこう！

でき 1　でき 2

1 つぎの　たし算の　ひっ算を　しましょう。

月　　日

```
①   325     ②   413     ③   265     ④   528
   + 62        + 84        + 18        + 37
```

```
⑤   234     ⑥   408     ⑦   527     ⑧   643
   + 59        + 76        + 63        + 20
```

```
⑨   384     ⑩   745
   +  6        +  9
```

2 つぎの　たし算を　ひっ算で　しましょう。

月　　日

① 426＋35

② 237＋60

③ 374＋8

④ 521＋9

10 3けたの　数の　ひき算の　ひっ算

★できた　もんだいには、「た」を　かこう！

でき 1 ○　でき 2 ○

---

1 つぎの　ひき算の　ひっ算を　しましょう。

月　　　日

```
①    476        ②    857        ③    582        ④    371
   -  32           -  26           -  47           -  26
```

```
⑤    645        ⑥    772        ⑦    347        ⑧    431
   -  18           -  56           -  39           -  31
```

```
⑨    924        ⑩    617
   -   8           -   9
```

---

2 つぎの　ひき算を　ひっ算で　しましょう。

月　　　日

① 283－46

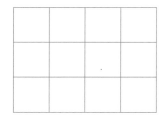

② 528－28

③ 374－8

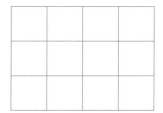

④ 615－9

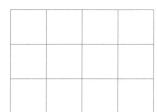

11 九九①

1 つぎの 計算を しましょう。

月　　日

① 9×1

② 5×3

③ 2×6

④ 6×6

⑤ 4×5

⑥ 7×4

⑦ 1×7

⑧ 3×8

⑨ 8×9

⑩ 9×5

2 つぎの 計算を しましょう。

月　　日

① 3×3

② 4×8

③ 9×2

④ 5×6

⑤ 6×1

⑥ 2×7

⑦ 1×2

⑧ 8×6

⑨ 7×3

⑩ 4×4

12 九九②

1 つぎの 計算を しましょう。

月　　日

① 6×4　　　② 3×2

③ 2×2　　　④ 8×1

⑤ 5×5　　　⑥ 4×3

⑦ 7×8　　　⑧ 1×4

⑨ 8×5　　　⑩ 9×7

2 つぎの 計算を しましょう。

月　　日

① 2×4　　　② 1×5

③ 5×7　　　④ 7×7

⑤ 4×9　　　⑥ 1×3

⑦ 3×6　　　⑧ 9×9

⑨ 8×2　　　⑩ 6×7

🦆 答え 🦆

1 100までの たし算の ひっ算

1 ①78 ②99 ③44
④61 ⑤92 ⑥91
⑦73 ⑧90 ⑨81
⑩35

2 ①
```
   1 6
+  4 1
   5 7
```
②
```
   3 7
+  2 3
   6 0
```
③
```
   4 3
+    5
   4 8
```
④
```
     6
+  2 7
   3 3
```

2 100までの ひき算の ひっ算

1 ①51 ②32 ③37
④34 ⑤26 ⑥28
⑦19 ⑧38 ⑨34
⑩14

2 ①
```
   9 3
-  5 7
   3 6
```
②
```
   5 3
-  4 5
     8
```
③
```
   8 0
-  4 3
   3 7
```
④
```
   4 2
-    6
   3 6
```

3 何十の 計算 何百の 計算

1 ①130 ②140 ③120
④110 ⑤150 ⑥170
⑦700 ⑧800 ⑨900
⑩1000

2 ①40 ②50 ③80
④80 ⑤80 ⑥40
⑦200 ⑧500 ⑨300
⑩600

4 たし算の あん算 ひき算の あん算

1 ①20 ②40 ③70
④50 ⑤21 ⑥33
⑦51 ⑧64 ⑨48
⑩81

2 ①26 ②73 ③48
④52 ⑤17 ⑥45
⑦39 ⑧58 ⑨68
⑩84

5 たし算の ひっ算①

1 ①115 ②128 ③157
④106 ⑤123 ⑥142
⑦145 ⑧110 ⑨102
⑩104

2 ①
```
   8 4
+  7 9
 1 6 3
```
②
```
   2 6
+  7 4
 1 0 0
```
③
```
   5 7
+  4 8
 1 0 5
```
④
```
   9 8
+    3
 1 0 1
```

6 たし算の ひっ算②

1 ①118 ②127 ③145
④107 ⑤121 ⑥152
⑦133 ⑧100 ⑨108
⑩101

2 ①
```
   5 8
+  9 6
 1 5 4
```
②
```
   6 8
+  7 2
 1 4 0
```
③
```
   8 7
+  1 9
 1 0 6
```
④
```
     7
+  9 6
 1 0 3
```

7 ひき算の ひっ算①

1 ①63 ②74 ③92 ④17 ⑤85 ⑥67 ⑦66 ⑧19 ⑨7 ⑩92

2

① 113 − 68 = 45
② 105 − 38 = 67
③ 102 − 9 = 93
④ 100 − 43 = 57

8 ひき算の ひっ算②

1 ①92 ②74 ③61 ④81 ⑤67 ⑥28 ⑦65 ⑧99 ⑨7 ⑩83

2

① 125 − 86 = 39
② 106 − 47 = 59
③ 101 − 93 = 8
④ 100 − 4 = 96

9 3けたの 数の たし算の ひっ算

1 ①387 ②497 ③283 ④565 ⑤293 ⑥484 ⑦590 ⑧663 ⑨390 ⑩754

2

① 426 + 35 = 461
② 237 + 60 = 297
③ 374 + 8 = 382
④ 521 + 9 = 530

10 3けたの 数の ひき算の ひっ算

1 ①444 ②831 ③535 ④345 ⑤627 ⑥716 ⑦308 ⑧400 ⑨916 ⑩608

2

① 283 − 46 = 237
② 528 − 28 = 500
③ 374 − 8 = 366
④ 615 − 9 = 606

11 九九①

1 ①9 ②15 ③12 ④36 ⑤20 ⑥28 ⑦7 ⑧24 ⑨72 ⑩45

2 ①9 ②32 ③18 ④30 ⑤6 ⑥14 ⑦2 ⑧48 ⑨21 ⑩16

12 九九②

1 ①24 ②6 ③4 ④8 ⑤25 ⑥12 ⑦56 ⑧4 ⑨40 ⑩63

2 ①8 ②5 ③35 ④49 ⑤36 ⑥3 ⑦18 ⑧81 ⑨16 ⑩42

A

教科書ぴったりトレーニング はなまるシール

★ ふろくの「がんばり表」に使おう！
★ はじめに、キミのおとも犬を選んで、がんばり表にはろう！
★ 学習が終わったら、がんばり表に「はなまるシール」をはろう！
★ 余ったシールは自由に使ってね。

キミのおとも犬

元気いっぱい お肉大好き！

つっこみ役 みんなの世話係

ちょっとこわがり 最年少

おっとり 読書好き

やさしくて物知り みんなの先生

はなまるシール

すごい！ いいね！ 集中!! その調子！ できる！   ナイス！ むずかしい… がんばろう！ もう1回!! よくできたね！

国語 理科 英語 算数 社会

ごほうびシール

よくできました

教科書ぴったりトレーニング

計算 3年 がんばり表

すきな␣なまえを
つけてね！

なまえ

ぴた犬
（おとも犬）
シールを
はろう

シールの中からすきなぴた犬をえらぼう。

いつも見えるところに、この「がんばり表」をはっておこう。
この「ぴたトレ」を学習したら、シールをはろう！
どこまでがんばったかわかるよ。

おうちのかたへ

がんばり表のデジタル版「デジタルがんばり表」では、デジタル端末でも学習の進捗記録をつけることができます。1冊やり終えると、抽選でプレゼントが当たります。「ぴたサポシステム」にご登録いただき、「デジタルがんばり表」をお使いください。LINE または PC・ブラウザを利用する方法があります。

LINE用 　PC・ブラウザ用

★ ぴたサポシステムご利用ガイドはこちら ★
https://www.shinko-keirin.co.jp/shinko/news/pittari-support-system

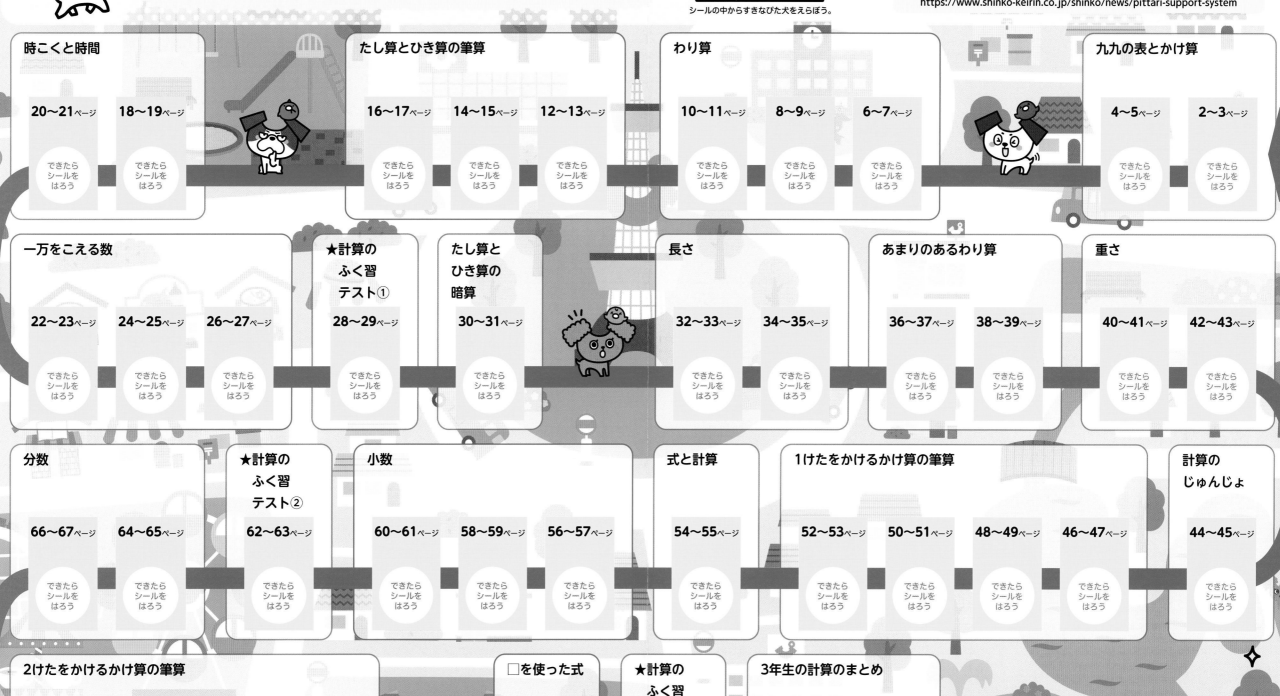

時こくと時間
- 20〜21ページ　できたらシールをはろう
- 18〜19ページ　できたらシールをはろう

たし算とひき算の筆算
- 16〜17ページ　できたらシールをはろう
- 14〜15ページ　できたらシールをはろう
- 12〜13ページ　できたらシールをはろう

わり算
- 10〜11ページ　できたらシールをはろう
- 8〜9ページ　できたらシールをはろう
- 6〜7ページ　できたらシールをはろう

九九の表とかけ算
- 4〜5ページ　できたらシールをはろう
- 2〜3ページ　できたらシールをはろう

スタート

一万をこえる数
- 22〜23ページ　できたらシールをはろう
- 24〜25ページ　できたらシールをはろう
- 26〜27ページ　できたらシールをはろう

★計算のふく習テスト①
- 28〜29ページ　できたらシールをはろう

たし算とひき算の暗算
- 30〜31ページ　できたらシールをはろう

長さ
- 32〜33ページ　できたらシールをはろう
- 34〜35ページ　できたらシールをはろう

あまりのあるわり算
- 36〜37ページ　できたらシールをはろう
- 38〜39ページ　できたらシールをはろう

重さ
- 40〜41ページ　できたらシールをはろう
- 42〜43ページ　できたらシールをはろう

分数
- 66〜67ページ　できたらシールをはろう
- 64〜65ページ　できたらシールをはろう

★計算のふく習テスト②
- 62〜63ページ　できたらシールをはろう

小数
- 60〜61ページ　できたらシールをはろう
- 58〜59ページ　できたらシールをはろう
- 56〜57ページ　できたらシールをはろう

式と計算
- 54〜55ページ　できたらシールをはろう

1けたをかけるかけ算の筆算
- 52〜53ページ　できたらシールをはろう
- 50〜51ページ　できたらシールをはろう
- 48〜49ページ　できたらシールをはろう
- 46〜47ページ　できたらシールをはろう

計算のじゅんじょ
- 44〜45ページ　できたらシールをはろう

2けたをかけるかけ算の筆算
- 68〜69ページ　できたらシールをはろう
- 70〜71ページ　できたらシールをはろう
- 72〜73ページ　できたらシールをはろう
- 74〜75ページ　できたらシールをはろう

□を使った式
- 76〜77ページ　できたらシールをはろう

★計算のふく習テスト③
- 78ページ　できたらシールをはろう

3年生の計算のまとめ
- 79ページ　できたらシールをはろう
- 80ページ　できたらシールをはろう

ゴール

さいごまでがんばったキミは「ごほうびシール」をはろう！

教科書ぴったり トレーニングの使い方

ぴた犬たちが勉強をサポートするよ。

ふだんの学習

練習

まず、計算問題の説明を読んでみよう。
次に、じっさいに問題に取り組んで、とき方を身につけよう。

↓

たしかめのテスト

「練習」で勉強したことが身についているかな？
かくにんしながら、取り組もう。

↓

実力チェック

ふく習テスト

まとめのテスト

夏休み、冬休み、春休み前に使いましょう。
学期の終わりや学年の終わりのテスト前に
やってもいいね。

3年	チャレンジテスト

すべてのページが終わったら、
まとめのむずかしいテストに
ちょうせんしよう。

ふだんの学習が終わったら、「がんばり表」にシールをはろう。

別冊

丸つけラクラクかいとう

問題と同じ紙面に赤字で「答え」が書いてあるよ。
取り組んだ問題の答え合わせをしてみよう。まちがえた
問題やわからなかった問題は、右のてびきを読んだり、
教科書を読み返したりして、もう一度見直そう。

おうちのかたへ

本書『教科書ぴったりトレーニング』は、「練習」の例題で問題の解き方をつかみ、問題演習を繰り返して定着できるようにしています。「たしかめのテスト」では、テスト形式で学習事項が定着したか確認するようになっています。日々の学習（トレーニング）にぴったりです。

「単元対照表」について

この本は、どの教科書にも合うように作っています。教科書の単元と、この本の関連を示した「単元対照表」を参考に、学校での授業に合わせてお使いください。

別冊『丸つけラクラクかいとう』について

🏠 おうちのかたへ では、次のようなものを示しています。

・学習のねらいやポイント
・他の学年や他の単元の学習内容とのつながり
・まちがいやすいことやつまずきやすいところ

お子様への説明や、学習内容の把握などにご活用ください。

内容の例

🏠 おうちのかたへ

小数のかけ算についての理解が不足している場合、4年生の小数のかけ算の内容を振り返りさせましょう。

もくじ

計算3年 全教科書版

教科書ぴったりトレーニング

活用 がついているところでは、基礎的・基本的な知識をいかして考える問題を扱っています。チャレンジしてみましょう。

びってん がついているところでは、学習指導要領では示されていない「発展的な学習内容」を扱っています。学習状況に応じてご利用ください。

練習

1 かけ算のきまり

答え 2 ページ

れいだい

★3×7の答えの見つけ方を考えましょう。

かけられる数 ＼ かける数	1	2	3	4	5	6	7	8	9
3	3	6	9	12	15	18	□	24	27

3　3　3　3　3　3　3　3

◀かける数が1ふえると、答えはかけられる数だけ大きくなります。

◀かける数が1へると、答えはかけられる数だけ小さくなります。

とき方 3のだんの九九の答えのならび方から考えると、

$\begin{cases} 3×6=18 \quad 18+3=21 \to 3×7=\underline{21} \\ 3×8=24 \quad 24-3=21 \to 3×7=\underline{21} \end{cases}$

1 ◻ にあてはまる数をかきましょう。

① 2×8は、2×7より ◻ 大きい。

② 7×4は、7×5より ◻ 小さい。

③ 4×6は、 ◻ ×4 と答えは同じ。

④ 5×9は、 ◻ ×5 と答えは同じ。

3×2＝2×3のようにかけられる数とかける数を入れかえても、答えは同じなんだね。

2 ◻ にあてはまる数をかきましょう。

① 3×9＝3×8＋ ◻ 　　② 8×5＝8×6− ◻

③ 4×8＝ ◻ ×4 　　④ 7×9＝ ◻ ×7

3 次の九九を全部かきましょう。

① 4×7と答えが同じになる九九 （　　　　　　　　　）

② 5×6と答えが同じになる九九 （　　　　　　　　　）

③ 答えが次の数になる九九

・12 （　　　　　　　　　）

・16 （　　　　　　　　　）

・48 （　　　　　　　　　）

ヒント ❸ ③ 答えが12になる九九は4つ、16になる九九は3つ、48になる九九は2つあります。

練習 ② 10 や 0 のかけ算

答え　2 ページ

れいだい

★⑦　4×0、0×4 のかけ算をしましょう。
　⑦　4×10、10×4 のかけ算をしましょう。

とき方 ⑦・4×0 → 4 のだんの九九のきまりを使います。
　　　　4×0 は、4×1 より 4 小さくなります → 4×0＝0
　　　・0×4 → 0 の 4 こ分と考えて → 0×4＝0
　　　　　　(0+0+0+0)
　　　⑦・4×10 は、4×9 より 4 大きい
　　　　　→ 4×10＝4×9＋4＝40
　　　・10×4 → 10 の 4 こ分と考えて → 10×4＝40
　　　　　　(10+10+10+10)
　　　・10×4＝4×10 だから、10×4＝40

◀どんな数に 0 をかけても、0 にどんな数をかけても、答えは 0 です。

◀10 のいくつ分かと考えたり、かけられる数とかける数を入れかえて考えたりできます。

1　◯◯にあてはまる数をかきましょう。

①　3×0 は、3×1 より ◯◯ 小さくなります → 3×0＝◯◯

②　5×10 は、5×9 より ◯◯ 大きくなります → 5×10＝◯◯

③　0×8 は、0 の ◯◯ こ分と考えて → 0×8＝◯◯

④　10×7＝◯◯×10＝◯◯

2　かけ算をしましょう。

①　2×0　　　　　　　　　②　6×0

③　9×0　　　　　　　　　④　0×1

⑤　0×7　　　　　　　　　⑥　0×0

⑦　8×10　　　　　　　　⑧　2×10

⑨　3×10　　　　　　　　⑩　10×6

⑪　10×7　　　　　　　　⑫　10×10

10×10 は、…
10 の 10 こ分だね。

・ヒント　②　①～⑥　□×0＝0、0×□＝0、0×0＝0 のように、答えは全部 0 になります。

練習

③ かけ算を使って

答え　3ページ

れいだい

★3×□＝12、□×6＝30 の □ にあてはまる数を見つけましょう。

とき方 九九を使って見つけます。

$$\begin{cases} 3×\boxed{1}=3 \\ 3×\boxed{2}=6 \\ 3×\boxed{3}=9 \\ 3×\boxed{4}=12 \end{cases}$$

$\begin{cases} \boxed{}×6=6×\boxed{} \\ \text{だから、6のだん} \\ \text{の九九を使って見} \\ \text{つけます。} \end{cases}$ →

$6×\boxed{1}=6$
$6×\boxed{2}=12$
$6×\boxed{3}=18$
$6×\boxed{4}=24$
$6×\boxed{5}=30$

◀3×□＝12 →□の数は、かけられる数のだんの九九で考えます。

◀□×6＝30 →かけられる数がわからないときは、かける数のだんの九九で考えます。

① □にあてはまる数は、何のだんの九九を使ってもとめればよいですか。

① 6×□＝54

（　　　）のだん

② 8×□＝32

（　　　）のだん

③ □×7＝49

（　　　）のだん

④ □×3＝27

（　　　）のだん

⑤ □×8＝32

（　　　）のだん

かけられる数のだんの九九、かける数のだんの九九をじゅんにとなえてみよう。

② □にあてはまる数をかきましょう。

① 3×□＝27

② 4×□＝28

③ 5×□＝20

④ 9×□＝36

🔍**よくみて**
⑤ 8×□＝0

⑥ □×9＝18

⑦ □×6＝42

⑧ □×8＝24

⑨ □×5�15

🔍**よくみて**
⑩ □×2＝20

😊**ヒント**　② ⑥ □×9＝9×□だから、9のだんの九九を使いましょう。

たしかめのテスト

4 九九の表とかけ算

学習日　月　日

時間 **20** 分

／100

ごうかく **80** 点

答え **3** ページ

1 □にあてはまる数をかきましょう。

1つ4点(32点)

① $6 \times 8 = 6 \times 7 +$ □

② $4 \times 6 = 4 \times 5 +$ □

③ $7 \times 7 = 7 \times 8 -$ □

④ $3 \times 5 = 3 \times 6 -$ □

⑤ $5 \times 9 =$ □ $\times 5$

⑥ $2 \times 4 =$ □ $\times 2$

⑦ $8 \times 4 =$ □ $\times 8$

⑧ $9 \times 6 =$ □ $\times 9$

2 かけ算をしましょう。

1つ6点(36点)

① 4×0

② 0×2

③ 0×0

④ 5×10

⑤ 10×3

⑥ 10×10

3 □にあてはまる数をかきましょう。

1つ4点(32点)

① $4 \times$ □ $= 24$

② $8 \times$ □ $= 72$

③ $5 \times$ □ $= 25$

④ $7 \times$ □ $= 63$

⑤ □ $\times 8 = 48$

⑥ □ $\times 9 = 27$

⑦ □ $\times 7 = 14$

できたらスゴイ！

⑧ □ $\times 3 = 30$

5

練習 ⑤ わり算

➡答え 4ページ

れいだい

★いちごが 12 こあります。3人に同じ数ずつ分けたとき、1人分の数をもとめましょう。また、1人に3こずつ分けたとき、何人に分けられるかをもとめましょう。

とき方 わり算の式に表すと 12÷3 になります。

（1人分の数）×3 が 12 こだから、□×3＝12 □には 4 があてはまり、1人分は 4 こになります。

12÷3＝4　　答え　4こ

また、3×（人数）が 12 こだから、3×□＝12 □には 4 があてはまり、4人に分けることができます。

12÷3＝4　　答え　4人

▶わり算…12 こを3人で分けたときの1人分の数や、12 こを1人に3こずつ分けたときの人数をもとめる計算の式を、12÷3 と表し、このような計算をわり算といいます。

▶わり算の式

12 ÷ 3 ＝4

わられる数　わる数

---

1 わり算をしましょう。

① 16÷2

② 30÷5

③ 36÷4

④ 28÷7

⑤ 48÷6

⑥ 21÷3

⑦ 72÷9

⑧ 24÷6

⑨ 35÷7

⑩ 32÷8

---

2 18 まいのシールを 1人に 2まいずつ分けます。何人に分けられますか。

（　　　　　　　　）

2のだんの九九を使ってもとめることができるね。

---

3 24 このあめを3人で同じ数ずつ分けます。1人分は何こになりますか。

（　　　　　　　　）

・ヒント わり算の答えは、わる数のだんの九九を使って見つけましょう。

練習

6 0や1のわり算

答え 4ページ

れいだい

★ふくろにはいっているあめを、4人に同じ数ずつ分けたときの、1人分のあめの数をもとめましょう。
① 8こはいっているとき　　② 4こはいっているとき
③ 1こもはいっていないとき

とき方 4人で同じ数ずつ分けるので、4×□をもとに答えをもとめます。

① $8 \div 4 \rightarrow 4 \times \boxed{2} = 8$　2こ
② $4 \div 4 \rightarrow 4 \times \boxed{1} = 4$　1こ
③ $0 \div 4 \rightarrow 4 \times \boxed{0} = 0$　0こ

◀0のわり算…わられる数が0→答えはいつも0です。$0 \div 4 = 0$
◀わる数が1→答えはわられる数。
わられる数とわる数が同じ→答えは1。
$4 \div 1 = 4$、$4 \div 4 = 1$

1 □にあてはまる数をかきましょう。

① $3 \div 3 \rightarrow$ 3のだんの九九を使って、$3 \times \boxed{1} = 3$、$3 \div 3 = \boxed{}$

② $3 \div 1 \rightarrow$ 1のだんの九九を使って、$1 \times \boxed{3} = 3$、$3 \div 1 = \boxed{}$

③ $0 \div 3 \rightarrow$ わられる数が0のわり算では、答えはいつも0になるから、
$0 \div 3 = \boxed{}$

2 わり算をしましょう。

① $0 \div 3$ 　　　　　　　② $0 \div 6$

③ $0 \div 7$ 　　　　　　　④ $0 \div 2$

⑤ $1 \div 1$ 　　　　　　　⑥ $5 \div 1$

⑦ $7 \div 1$ 　　　　　　　⑧ $8 \div 1$

⑨ $2 \div 2$ 　　　　　　　⑩ $4 \div 4$

ヒント ② ①〜④　0を、0でないどんな数でわっても、答えはいつも0になります。

学習日　　月　　日

答え 5ページ

れいだい

★60÷2の計算をしましょう。

とき方

60 は　　　10 が 6 こ
60÷2 は　　10 が（6÷2）こ　　┐
60÷2＝30 ←　　　　　　　　　　　10 が 3 こ

💡 ◀答えが九九にない、(何十)÷(何)のわり算…わられる数が 10 の何こ分かを考えてから、答えが 10 の何こ分かもとめます。

1 わり算をしましょう。

① 30÷3

3×10＝30だね。

② 50÷5

③ 70÷7

④ 80÷8

⑤ 20÷2

⑥ 90÷9

2 わり算をしましょう。

① 60÷3

② 80÷4

③ 90÷3

④ 40÷2

⑤ 80÷2

10 の何こ分かを考えるよ。

ヒント ② ① 60 は 10 が 6 こだから、60÷3 は 10 が（6÷3）こです。

練習

8 答えが 10 をこえるわり算

答え　5ページ

れいだい

★ 48÷4 の計算をしましょう。

とき方 48 は 40 と 8

40÷4 は　10

8÷4 は　　2

あわせると、10＋2＝12

48÷4＝12

💡 ◀ わられる数を、わる数の九九にある2つの数に分けて計算してから、それぞれの答えをたします。

1 46÷2 の計算のしかたを次_{つぎ}のように考えました。□にあてはまる数をかきましょう。

46 は　　　40 と □

40÷2 は　□

6÷2 は　□

あわせると、□ ＋ □ ＝ □

46÷2＝ □

46 は、40 と 6 に分けられるね。それぞれの数を 2 でわってみよう。

2 わり算をしましょう。

① 28÷2

② 36÷3

③ 44÷2

④ 88÷4

⑤ 63÷3

⑥ 62÷2

⑦ 93÷3

⑧ 84÷4

ヒント ② 答えが九九にない（何十何）÷（何）のわり算は、わられる数を何十といくつに分けて考えましょう。

9 わり算

答え 6ページ

1 次のわり算の答えは、何のだんの九九を使ってもとめればよいですか。

1つ3点（18点）

① 8÷2 （　　　　）のだん　② 9÷3 （　　　　）のだん

③ 32÷4 （　　　　）のだん　④ 63÷7 （　　　　）のだん

⑤ 30÷6 （　　　　）のだん　⑥ 40÷5 （　　　　）のだん

2 わり算をしましょう。

1つ3点（30点）

① 12÷2　　　　② 28÷4

③ 42÷6　　　　④ 18÷3

⑤ 27÷9　　　　⑥ 56÷7

⑦ 20÷4　　　　⑧ 63÷9

⑨ 35÷5　　　　⑩ 48÷8

3 わり算をしましょう。

1つ3点（18点）

① 0÷8　　　　② 0÷5

③ 6÷1　　　　④ 4÷1

⑤ 7÷7　　　　⑥ 9÷9

10

④ 右の図のようにチョコレートがあります。
6人で同じ数ずつ分けると、1人分は何こ
になりますか。　　　　　式・答え　1つ4点(8点)

式

答え（　　　　　　　　　）

⑤ わり算をしましょう。　　　　　　　　　　　　1つ3点(18点)

①　40÷4　　　　　　　　　　②　60÷2

③　39÷3　　　　　　　　　　④　44÷4

⑤　82÷2　　　　　　　　　　⑥　69÷3

⑥ 1ふくろ3こ入りのあめが、96円で売っています。
あめ1こ分は何円になりますか。　　式・答え　1つ4点(8点)

式

答え（　　　　　　　　　）

練習 10 1回くり上がるたし算の筆算

答え 7ページ

れいだい ★259＋126 を筆算でしましょう。

とき方 くり上がりが1回あります。次のじゅんじょで計算します。

```
 1 ········· くり上げた数
  259
 +126
 ─────
  385 ····· ②9＋6
   ┊ ┊ ┊··· ③1＋5＋2
   ┊ ┊····· ④2＋1
```

① 位をたてにそろえてかきます。
② 一の位をたします。
③ 十の位をたします。
④ 百の位をたします。

◀くり上がりが1回ある（3けた）＋（3けた）の筆算…（2けた）＋（2けた）のときと同じように、位をたてにそろえて一の位からじゅんに計算します。

1 327＋254 の筆算で、□にあてはまる数をかきましょう。

```
    1 ···くり上げた数           1
   327          327          327
  +254    →    +254    →    +254
  ─────        ─────        ─────
   [ ]          [ ]1         [ ]81
   ┊            ┊            ┊
  7＋4         1＋2＋5       3＋2
```

2 次のたし算で、□にあてはまる数をかきましょう。

くり上がった1をたすのを、わすれないようにしよう。

```
①    239      ②    476      ③    608
    +534          +362          +209
    ─────         ─────         ─────
    7[ ]3         [ ]38         [ ] 7
```

3 たし算をしましょう。

```
①   216      ②   645      ③   573      ④   925
   +379         +229         +163         ＋ 38
```

4 次のたし算を筆算でしましょう。

① 129＋434   ② 354＋591

＋－ 計算に強くなる！ ×÷

（3けた）＋（3けた）の筆算では、くり上がった1をわすれることが多いよ。かならずかいておくようにしよう。

ヒント ❷ ③ 十の位の計算は、1＋0＋0、百の位の計算は、6＋2です。

練習

11 2回や3回くり上がるたし算の筆算

答え　7ページ

れいだい

★246＋185を筆算でしましょう。

とき方 くり上がりが2回あります。次のじゅんじょで計算します。

```
  11 ……くり上げた数
  246
+ 185
―――――
  431 ……②6+5
     │③1+4+8
     │④1+2+1
```

① 位をたてにそろえてかきます。

② 一の位をたします。

③ 十の位をたします。

④ 百の位をたします。

💡 ◀くり上がりが2回、3回ある（3けた）＋（3けた）の筆算…くり上がりが1回のときと同じように、位をたてにそろえて一の位からじゅんに計算します。

---

1 375＋469の筆算で、□にあてはまる数をかきましょう。

```
  11 ……くり上げた数
  375            375            375
+ 469    ➡    + 469    ➡    + 469
―――――         ―――――         ―――――
  □             □4            □44
  5+9           1+7+6         1+3+4
```

---

2 次のたし算で、□にあてはまる数をかきましょう。

くり上がりが3回のときも、2回のときと同じように計算できるよ。

```
①   312        ②   736        ③   924
  + 488          + 489          +  76
―――――――        ―――――――        ―――――――
  □00           □25           □00
```

---

3 たし算をしましょう。

```
①   563        ②   352        ③   866        ④   907
  + 288          +  49          + 598          +  93
―――――――        ―――――――        ―――――――        ―――――――
```

---

4 次のたし算を筆算でしましょう。

① 186＋257

② 568＋754

ヒント 4 ① 一の位の計算は、6+7、十の位の計算は、1+8+5、百の位の計算は、1+1+2です。

練習

12 1回くり下がるひき算の筆算

答え 8ページ

れいだい

★372−226 を筆算でしましょう。

とき方 くり下がりが1回あります。次のじゅんじょで計算します。

```
   6 ←一の位へ1
 3✗2    くり下げた
        ので6
−2 2 6
 1 4 6 ←②12−6
    ③6−2
   ④3−2
```

① 位をたてにそろえてかきます。

② 一の位をひきます。

③ 十の位をひきます。

④ 百の位をひきます。

💡◀くり下がりが1回ある（3けた）−（3けた）の筆算…（2けた）−（2けた）のときと同じように、位をたてにそろえて一の位からじゅんに計算します。

---

1 491−364 の筆算で、□にあてはまる数をかきましょう。

```
    8 ←くり下げたあとの数
  4 9 1           4 ✗ 1           4 9 1
− 3 6 4    ➡    − 3 6 4    ➡    − 3 6 4
 ┌─┐              ┌─┐ 7            ┌─┐ 2 7
 └─┘              └─┘              └─┘
  11−4            8−6             4−3
```

---

2 次のひき算で、□にあてはまる数をかきましょう。

①
```
  8 5 2
−2 3 9
 6 1 □
```

②
```
  5 9 1
− 1 4 3
 4 □ 8
```

③
```
  6 1 2
−4 0 9
┌─────┐
└─────┘
```

十の位から1くり下げるよ。

---

3 ひき算をしましょう。

①
```
  7 9 5
−2 4 8
```

②
```
  5 5 2
−3 2 8
```

③
```
  3 6 0
−  5 6
```

④
```
  4 3 0
−3 0 7
```

---

4 次のひき算を筆算でしましょう。

① 774−346

② 612−307

ヒント **2** ③ 一の位の計算は、12−9、十の位の計算は、0−0、百の位の計算は6−4です。

練習

13 2回や3回くり下がるひき算の筆算

➡ 答え 8ページ

れいだい

★425−167を筆算でしましょう。

とき方 くり下がりが2回あります。次のじゅんじょで計算します。

```
   3 1 ┄┄┄一の位へ1
   4 2 5    くり下げた
           ので1
 − 1 6 7
 ─────────
   2 5 8 ┄┄②15−7
       ┊
     ③11−6
   ④3−1
```

① 位をたてにそろえてかきます。

② 一の位をひきます。

③ 十の位をひきます。

④ 百の位をひきます。

💡 ◀くり下がりが2回ある（3けた）−（3けた）の筆算…すぐ上の位からくり下げられないときは、もうひとつ上の位からくり下げて計算します。

❶ 453−286の筆算で、□にあてはまる数をかきましょう。

```
   4 ┄くり下げたあとの数      3 4           3 4
 4 5 3                    4̸ 5̸ 3         4̸ 5̸ 3
                      ➡                ➡
 − 2 8 6              − 2 8 6          − 2 8 6
 ─────────            ─────────        ─────────
   □                     □ 7            □ 6 7
  13−6                 14−8            3−2
```

❷ 次のひき算で、□にあてはまる数をかきましょう。

①
```
   7 4 2
 − 5 9 8
 ───────
   □ 4 4
```

②
```
   8 1 8
 − 7 4 9
 ───────
   □
```

🔍**よくみて**

③
```
   6 0 0
 −   3 7
 ───────
   □
```

❸ ひき算をしましょう。

①
```
   4 2 5
 − 1 9 8
```

②
```
   6 3 0
 − 5 4 8
```

③
```
   7 2 0
 −   5 6
```

④
```
   1 0 0 3
 −   3 9 5
```

ひかれる数が4けたになっても、一の位からじゅんに計算しよう。

❹ 次のひき算を筆算でしましょう。

① 342−165

② 567−498

＋−計算に強くなる！×÷

1くり下げたあとの数は、わすれないようにかいておこう。

ヒント ❷ ③ 一、十の位の数が0でひけないときは、百の位からくり下げます。十の位の計算は、9−3です。

練習

14 4けたの数のたし算とひき算の筆算

答え 9ページ

れいだい ★① 2259＋3467 ② 7823－4189 を筆算でしましょう。

◀（4けた）＋（4けた）の筆算、（4けた）－（4けた）の筆算…数が大きくなっても、一の位からじゅんに計算します。

とき方

①
```
  1 1    ……くり上げた数
  2259
+ 3467
─────
  5726  ……①9＋7
         ②1＋5＋6
         ③1＋2＋4
         ④2＋3
```

②
```
  7 1    ……くり下げた数
  7823
- 4189
─────
  3634  ……①13－9
         ②11－8
         ③7－1
         ④7－4
```

1 次の計算で、□にあてはまる数をかきましょう。

①
```
  1 1 1
  1 5 9 4
+ 5 7 2 8
─────────
        2
```

②
```
  7 1 1
  8 2 2 6
- 6 4 8 7
─────────
  1
```

くり上げた数やくり下げたあとの数は、わすれないようにかいておこう。

2 計算をしましょう。

①
```
  5669
+ 1373
```

②
```
  2381
+   49
```

③
```
  6145
- 2986
```

！まちがい注意

④
```
  4470
-   78
```

3 次の計算を筆算でしましょう。

① 2286＋2458

② 3563＋769

③ 8923－5489

④ 2130－735

ヒント 十、百、千の位にくり上がる数、千、百、十の位からくり下がる数に注意しながら、一の位からじゅんに計算しましょう。

15 たし算とひき算の筆算

1 計算をしましょう。

1つ6点（30点）

①　　236
　　+347

②　　815
　　+166

③　　488
　　+297

④　　528
　　+785

⑤　　618
　　+382

2 次の計算を筆算でしましょう。

1つ6点（30点）

①　752−514

②　328−165

③　421−234

④　804−426

⑤　400−89

3 計算をしましょう。

1つ8点（24点）

①　　3657
　　+3384

②　　2596
　　+　814

③　　8231
　　−6755

4 次の計算を筆算でしましょう。　できたらスゴイ！

1つ8点（16点）

①　6012−725

②　5006−38

17

練習 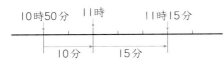 **16** 時間をもとめる

答え 10 ページ

れいだい

★家を出てから公園に着くまでにかかった時間をもとめましょう。

とき方 長いはりが 11 時までに動いた時間と 11 時から動いた時間をあわせます。

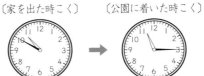
〔家を出た時こく〕　〔公園に着いた時こく〕

```
  10時50分  11時     11時15分
  ┃─────┃─────────┃
     10分        15分
```

◀ある時こくまでにかかった時間と、ある時こくからかかった時間とをあわせて時間をもとめます。

答え　25 分

1 次の時間をかきましょう。

①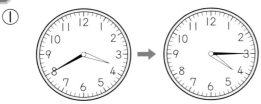
3 時 40 分から 4 時 15 分まで

（　　　　　　）

②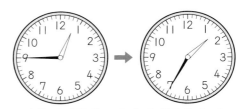
12 時 45 分から 1 時 35 分まで

（　　　　　　）

③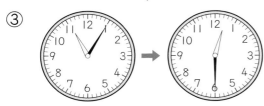
11 時 5 分から 12 時 30 分まで

（　　　　　　）

1 時間をこえているときは、短いはりも動かして考えてみよう。

2 次の時間をかきましょう。

① 午前 7 時 20 分から午前 8 時 40 分までの時間　　（　　　　　　）

② 午前 9 時 35 分から午後 1 時 20 分までの時間　　（　　　　　　）

③ 午前 10 時から午後 5 時 30 分までの時間　　（　　　　　　）

よくよんで
④ 午前 8 時 55 分から午後 3 時までの時間　　（　　　　　　）

 **ヒント** ❷ ② 午前 9 時 35 分から正午までは 2 時間 25 分、正午から午後 1 時 20 分までは 1 時間 20 分です。

練習  17 時こくをもとめる

答え　10ページ

れいだい

★家を出てから 45 分歩いて、駅に着いた時こくをもとめましょう。

とき方　家を出てから 45 分後の時こくをもとめます。25 分歩くと 3 時になることから考えます。

〔家を出た時こく〕　　〔駅に着いた時こく〕

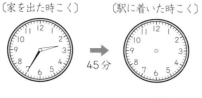

45分

◀ちょうどの時こくまでにかかった時間をもとめ、のこりの時間から時こくをもとめます。

2時35分　　　3時　　　□

25分　　20分

答え　3時20分

1 次の時こくをかきましょう。

① 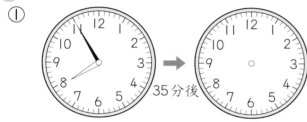 35分後

（　　　　　　　）

② 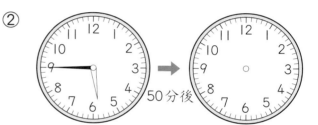 50分後

（　　　　　　　）

③ 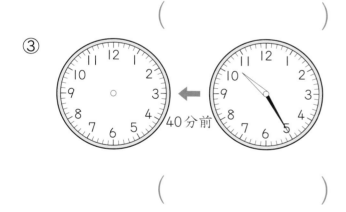 40分前

（　　　　　　　）

○時ちょうどという時こくまでの時間をもとめて、のこりの時間から時こくをもとめよう。

2 次の時こくをかきましょう。

①　7時 35 分から 40 分たった時こく　　　　　（　　　　　　　）

②　10 時 10 分から 25 分前の時こく　　　　　（　　　　　　　）

よくよんで

③　午後 1 時 10 分から 1 時間 20 分前の時こく　（　　　　　　　）

ヒント　1 ③　10 時 25 分の 25 分前は 10 時です。10 時の 15 分前の時こくをもとめましょう。

練習  18 短い時間

答え 11 ページ

れいだい

★ストップウオッチの時間をよみましょう。

とき方 ストップウオッチの文字ばんの1目もりは
1秒です。

答え　15秒

◀1分より短い時間を
表すたんいを秒とい
います。
1分＝60秒です。

1 次のストップウオッチの時間をかきましょう。

① 　② 　③

（　　　　　）　（　　　　　）　（　　　　　）

④ 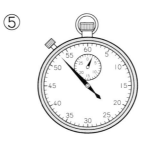　⑤

（　　　　　）　（　　　　　）

ストップウオッチの
中の小さい文字ばん
の1目もりは、1分
だよ。

2 ☐にあてはまる数をかきましょう。

① 1分＝☐秒　　　　　② 2分＝☐秒

③ 1分30秒＝☐秒　　 ④ 1分3秒＝☐秒

⑤ 180秒＝☐分　　　 ⑥ 75秒＝☐分☐秒

秒を分になおすのも、
分を時間になおすのと
同じやり方でできるよ。

⑦ 105秒＝☐分☐秒

⑧ 130秒＝☐分☐秒

ヒント ① ③ 小さい文字ばんのはりが、1をさしているので、1分☐秒です。

たしかめのテスト

⑲ 時こくと時間

1 □にあてはまる時間のたんいをかきましょう。

1つ8点(24点)

① 50m走るのにかかる時間……　12 □

② 昼休みの時間………………………　1 □

③ ごはんを食べる時間…………　45 □

2 次の時間をかきましょう。

1つ9点(36点)

① 午前9時40分から午前10時25分までの時間　（　　　　　）

② 午後1時25分から午後2時20分までの時間　（　　　　　）

③ 午前8時から午後2時18分までの時間　（　　　　　）

④ 午後3時55分から午後6時5分までの時間　（　　　　　）

3 次の時こくをかきましょう。

1つ8点(40点)

① 午後10時40分から35分たった時こく　（　　　　　）

② 午前9時40分から45分たった時こく　（　　　　　）

③ 午前8時15分から6時間30分たった時こく　（　　　　　）

④ 午後5時25分から30分前の時こく　（　　　　　）

できたらスゴイ！

⑤ 午後2時5分から3時間50分前の時こく　（　　　　　）

練習 ②0 一億までの数

答え 12 ページ

れいだい ★68497483 をよみましょう。

とき方 68497483 は、千万を6こ、百万を8こ、十万を4こ、一万を9こ、千を7こ、百を4こ、十を8こ、一を3こあわせた数で、「六千八百四十九万七千四百八十三」とよみます。

6	8	4	9	7	4	8	3
千万の位	百万の位	十万の位	一万の位	千の位	百の位	十の位	一の位

◀万の位…一万を9こ集めた数を九万といい、90000とかきます。
◀一万の10倍→十万　十万の10倍→百万　百万の10倍→千万　千万の10倍→一億

1 □にあてはまる数をかきましょう。

59084067 は、千万を□こ、百万を9こ、十万を0こ、一万を□こ、千を□こ、百を□こ、十を6こ、一を□こあわせた数で、

□とよみます。

2 次の数をよみましょう。

① 54827 （　　　）　② 627091 （　　　）

③ 2480390 （　　　）　④ 32504900 （　　　）

3 次の数を数字でかきましょう。

① 四万二千七百三十一 （　　　）　② 七百八十一万五千九十三 （　　　）

③ 398129 の一万の位の数は（　　　）。

④ 百万を6こ、十万を8こ、百を3こあわせた数は（　　　）。

⑤ 10000 を 580 こ集めた数は（　　　）。

ヒント ③② 百の位の数は0です。位があいているところのかき方に注意しましょう。

練習 21 大きな数の大小

答え 12 ページ

れいだい
★24700 と 23400 の数の大小を、不等号を使って式にかきましょう。

```
22000    23000    24000    25000
|―――――――――――――――――――|
          ↑         ↑
        23400     24700
```

とき方 けた数は同じなので、上の位からじゅんにくらべます。
24700 と 23400 では、一万の位は 2 で同じ、千の位は 4 と 3 で、4 が大きい ―→ 24700＞23400
数直線で、24700 のほうが右にあるから 24700＞23400

◀不等号…大小を表すしるし、＞、＜です。大＞小、小＜大となります。

◀数の大きさのくらべ方
上の位からじゅんにくらべます。

◀数直線…左から右にいくほど、数が大きくなっています。

1 ◯にあてはまる数をかきましょう。
5286000 と 5234000 では、百万の位は 5 で同じ、十万の位は 2 で同じ、一万の位は 8 と ◯ で、8 が大きいので、◯◯◯◯◯◯ のほうが大きい。

2 次の数の大小を、不等号を使って式にかきましょう。

① 64700　63900 （　　　　　　　）　② 428500　429100 （　　　　　　　）

③ 502000　50200 （　　　　　　　）　④ 330560　330580 （　　　　　　　）

3 次の数を、大きいほうからじゅんにかきましょう。

① 1702050　　170520　　175020 （　　　　　　　　　　）

よくみて
② 80345006　　8034506　　80435006 （　　　　　　　　　　）

はじめにけた数を見て、くらべよう。

ヒント ❷ ③ けた数がちがうときは、けた数の多い数のほうが大きいです。

練習

22 大きな数のたし算とひき算

答え 13 ページ

れいだい

★① 6000＋8000　② 9000－2000 を計算しましょう。

とき方

① 6000 は、1000 が6こ
8000 は、1000 が8こ
あわせると、1000 が
6＋8＝14 になるから、
6000＋8000＝14000

② 9000 は、1000 が9こ
2000 は、1000 が2こ
ちがいは、1000 が
9－2＝7 になるから、
9000－2000＝7000

◀大きな数のたし算・ひき算…1000 や 10000 があわせていくつ、ちがいはいくつになるかを考えて計算します。

1 計算をしましょう。

① 6000＋7000

② 50000＋90000

③ 300000＋60000

④ 13000－6000

⑤ 80000－50000

⑥ 340000－40000

2 計算をしましょう。

① 9万＋7万

② 13万＋22万

③ 49万＋6万

④ 7万－2万

⑤ 56万－50万

⑥ 32万－8万

3 28＋35＝63、52－18＝34 を使って、次の答えをもとめましょう。

① 28000＋35000

（　　　　　）

② 52000－18000

（　　　　　）

③ 28万＋35万

（　　　　　）

④ 52万－18万

（　　　　　）

ヒント ❶ ② 10000 のかたまりをもとにして考えましょう。

練習

23 10倍、100倍、1000倍した数、10でわった数

答え 13ページ

れいだい

★① 35を10倍、100倍、1000倍した数をかきましょう。
② 350を10でわった数をかきましょう。

とき方

万	千	百	十	一
			3	5
		3	5	0
	3	5	0	0
3	5	0	0	0

10でわる
10倍
100倍
1000倍

・10倍すると、位が1つずつ上がり、
10でわると、位が1つずつ下がります。

① 35を10倍すると、
$35 \times 10 = \underline{350}$
35を100倍すると、
$35 \times 100 = \underline{3500}$
35を1000倍すると、
$35 \times 1000 = \underline{35000}$
② 350を10でわると、
$350 \div 10 = \underline{35}$

◀10倍、100倍、1000倍した数…
10倍すると、右はしに0を1こ、100倍すると、右はしに0を2こ、1000倍すると、右はしに0を3こ、それぞれにつけた数になります。
◀10でわった数…一の位の0をとった数になります。

---

1 次の数を10倍、100倍、1000倍した数をもとめましょう。

① 59　　10倍　（　　　　　　）
　　　　100倍　（　　　　　　）
　　　1000倍　（　　　　　　）

② 240　　10倍　（　　　　　　）
　　　　100倍　（　　　　　　）
　　　1000倍　（　　　　　　）

2 次の数を10でわった数をもとめましょう。
① 80

（　　　　　　）

② 240

（　　　　　　）

3 計算をしましょう。

① 45×10

② 2800×10

③ 3×100

④ 419×100

⑤ 71×1000

⑥ 806×1000

⑦ $630 \div 10$

⑧ $4000 \div 10$

ヒント
❶ 100倍は10倍の10倍で、位が2つずつ上がります。
1000倍は10倍の10倍の10倍で、位が3つずつ上がります。

たしかめのテスト ㉔ 一万をこえる数

時間 **20** 分
/100
ごうかく **80** 点

答え 14ページ

1 次の数を数字でかきましょう。
1つ2点(12点)

① 八万二千六百二十五

（　　　　　　　　　）

② 七万九

（　　　　　　　　　）

③ 四十一万九千

（　　　　　　　　　）

④ 三百十万七百

（　　　　　　　　　）

⑤ 千七百二十四万

（　　　　　　　　　）

⑥ 一億

（　　　　　　　　　）

2 □にあてはまる数をかきましょう。
□1つ3点(24点)

① 4687239 の一万の位の数は □ 、百万の位の数は □ です。

② 十万を7こ、一万を4こ、千を2こ、百を9こあわせた数は

□ です。

③ 一万を17こと、2930をあわせた数は □ です。

④ 96000 は、一万を □ こ、千を □ こあわせた数です。

⑤ 730000 は、千を □ こ集めた数です。

⑥ 28500000 は、十万を □ こ集めた数です。

3 次の数の大小を、不等号を使って式にかきましょう。
1つ3点(12点)

① 85600　　8650

（　　　　　　　　　）

② 387200　　386400

（　　　　　　　　　）

③ 512000　　52100

（　　　　　　　　　）

④ 9500万　　1億

（　　　　　　　　　）

できたらスゴイ!

4 次の数を、大きいほうからじゅんにかきましょう。
(4点)

658240　　　648920　　　658190

（　　　　　　　　　　　　　　　）

5 計算をしましょう。

① $8000+5000$

② $30000+70000$

③ $23000-8000$

④ $90000-60000$

⑤ 15万＋29万

⑥ 57万＋7万

⑦ 32万－16万

⑧ 42万－5万

6 計算をしましょう。

① $68×10$

② $170×10$

③ $32×100$

④ $760×100$

⑤ $15×1000$

⑥ $230×1000$

⑦ $950÷10$

⑧ $6400÷10$

25 計算のふく習テスト①

本文　2〜27ページ　答え　15ページ

1 次の計算をしましょう。

1つ2点（18点）

① 8×0　　　② 3×10　　　③ 10×10

④ $18 \div 3$　　　⑤ $42 \div 6$　　　⑥ $45 \div 5$

⑦ $7 \div 1$　　　⑧ $80 \div 4$　　　⑨ $69 \div 3$

2 次の計算をしましょう。

1つ3点（36点）

① 　325
　　+249

② 　818
　　+ 65

③ 　469
　　+257

④ 　573
　　+299

⑤ 　136
　　+ 64

⑥ 　303
　　+ 97

⑦ 　682
　　−314

⑧ 　540
　　−228

⑨ 　821
　　−563

⑩ 　753
　　−196

⑪ 　230
　　− 47

⑫ 　304
　　− 59

③ 計算をしましょう。 1つ3点(18点)

① 　　3758
　　+4194

② 　　2934
　　+2596

③ 　　4857
　　+　　43

④ 　　6814
　　−5339

⑤ 　　3124
　　−1968

⑥ 　　5232
　　−　　39

④ 計算をしましょう。 1つ2点(12点)

① 9000＋7000

② 40000＋60000

③ 80000−30000

④ 32000−5000

⑤ 68万＋6万

⑥ 33万−8万

⑤ 計算をしましょう。 1つ2点(16点)

① 63×10

② 2700×10

③ 56×100

④ 320×100

⑤ 18×1000

⑥ 250×1000

⑦ 870÷10

⑧ 4700÷10

練習

26 たし算とひき算の暗算

答え 16 ページ

れいだい ★① 82+55 ② 83−47 を暗算でしましょう。

◀たし算の暗算…たす数を、何十といくつに分けてたします。

◀ひき算の暗算…ひく数を、何十といくつに分けてひきます。

とき方

① 55 を、50 と 5 に分けて、

$$82 + 55 = 137$$
$$50 \quad 5$$

$$82+50=132$$
$$132+5=137$$

② 47 を、40 と 7 に分けて、

$$83 - 47 = 36$$
$$40 \quad 7$$

$$83-40=43$$
$$43-7=36$$

1 ◻にあてはまる数をかきましょう。

① 96+83

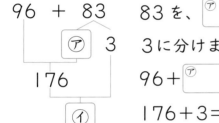

83 を、⑦◻ と 3 に分けます。

$$96+⑦◻=176$$
$$176+3=①◻$$

② 100−24

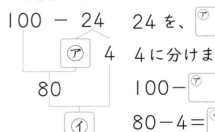

24 を、⑦◻ と 4 に分けます。

$$100−⑦◻=80$$
$$80−4=①◻$$

2 暗算でしましょう。

① 14+23　　　　② 47+33

③ 75+18　　　　④ 65+83

⑤ 44+76

計算する回数が少ないほうが、まちがえにくいよね。

3 暗算でしましょう。

① 78−35　　　　② 60−24

③ 53−36　　　　④ 100−43

🔍 **よくみて**

⑤ 100−89

ヒント 　❸ ③ 36 を、30 と 6 に分けます。53−30=23 だから、23−6 を計算します。くり下がりに気をつけましょう。

27 たし算とひき算の暗算

1 暗算のじゅんじょをかいた下の図の□に、あてはまる数をかきましょう。

1つ5点（30点）

① 36 ＋ 57

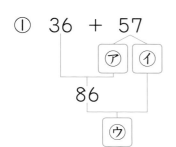

ア　イ

86

ウ

② 94 － 37

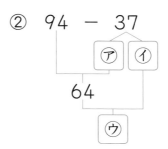

ア　イ

64

ウ

① ア（　　　）　イ（　　　）　ウ（　　　）

② ア（　　　）　イ（　　　）　ウ（　　　）

2 暗算でしましょう。

1つ7点（35点）

① 73＋16　　　　　　② 27＋38

③ 68＋80　　　　　　④ 82＋18

⑤ 56＋78

3 暗算でしましょう。

1つ7点（35点）

① 54－23　　　　　　② 95－55

③ 74－25　　　　　　④ 100－21

できたらスゴイ！

⑤ 100－98

練習

28 長 さ

答え 17 ページ

れいだい

★まきじゃくの、㋐、㋑、㋒の目もりをよみましょう。

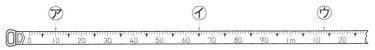

とき方 0の目もりのいちをたしかめます。このまきじゃくは、10 cm
ごとに 10、20、…の目もりのしるしがついています。
いちばん小さい1目もりは1cm です。

答え　㋐　10 cm　㋑　65 cm　㋒　1m13 cm

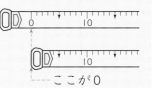

◀まきじゃくの使い方

ここが0

◀10 cmや1mごとに、
10、20、…や1m、
2m、…のしるしがつ
いています。

1 まきじゃくの0の目もりのいちは、それぞれ㋐、㋑、㋒のどこですか。

① ㋐ ㋑ ㋒

② ㋐㋑㋒

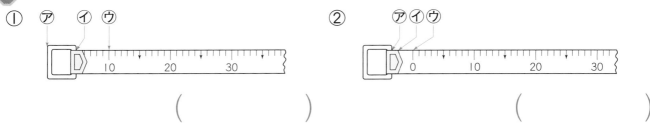

（　　　　　　　）　　　　　　（　　　　　　　）

2 ㋐、㋑の目もりをよみましょう。

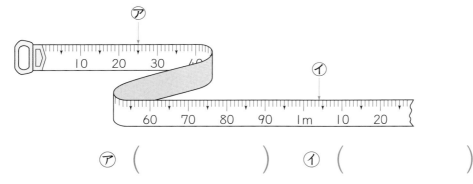

1目もりは
1cm だね。

㋐（　　　　　　　）　㋑（　　　　　　　）

3 ㋐～㋛の目もりをよみましょう。

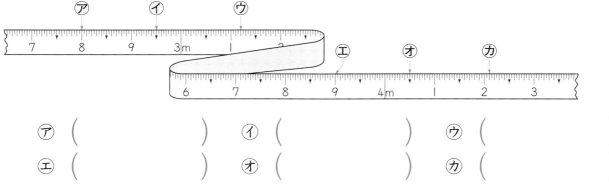

㋐（　　　　　　）　㋑（　　　　　　）　㋒（　　　　　　）

㋓（　　　　　　）　㋔（　　　　　　）　㋕（　　　　　　）

ヒント ❸ ㋐、㋑は3mよりも短い長さです。

練習 29 長さのたし算

答え 17ページ

れいだい

★500 m＋600 m、1 km 300 m＋900 m を計算しましょう。

とき方 長さのたし算をするときは、同じたんいどうしを計算します。

・500 m＋600 m＝1100 m
1000 m＝1 km だから、1100 m＝1 km 100 m

・1 km 300 m＋900 m＝1 km 1200 m
1200 m＝1 km 200 m だから、
1 km 1200 m＝2 km 200 m

◀長さのたんい
km…キロメートル
1 km＝1000 m

◀道のり…道にそって
はかった長さのこと
です。

◀きょり…まっすぐに
はかった長さのこと
です。

1 ☐にあてはまる数をかきましょう。

① 700 m＋800 m＝☐ m＝☐ km ☐ m

② 500 m＋900 m＝☐ m＝☐ km ☐ m

③ 1 km 200 m＋400 m＝☐ km ☐ m

④ 1 km 600 m＋900 m＝1 km ☐ m＝☐ km ☐ m

2 計算をしましょう。

① 900 m＋800 m

② 1 km 400 m＋500 m

③ 700 m＋1 km 700 m

④ 2 km 100 m＋900 m

⑤ 1 km 200 m＋2 km 400 m

！まちがい注意

⑥ 3 km 400 m＋1 km 700 m

3 右の図を見て、☐にあてはまる数をかきましょう。

① みかさんの家から図書館までの道のりは、

600 m＋☐ m

＝☐ m＝☐ km ☐ m

② みかさんの家から図書館までのきょりは、

☐ m＝☐ km

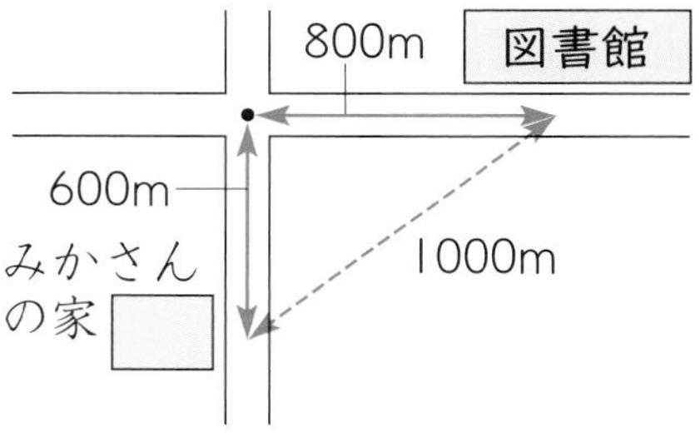

800m 図書館
600m
みかさん 1000m
の家

ヒント 2 ④ mのたんいを計算すると、100 m＋900 m＝1000 m で、1 km ぴったりになります。

練習 ③0 長さのひき算

■▶答え 18 ページ

れいだい
★900 m−200 m、1 km 300 m−800 m を計算しましょう。

とき方 長さのひき算をするときは、たんいをそろえたり、同じたんい
どうしを計算します。
　・900 m−200 m＝700 m
　・1 km 300 m−800 m＝1300 m−800 m
　　　＝500 m

💡◀長さのひき算…同じたんいにそろえたり、同じたんいどうしをひき算します。

1 ▢ にあてはまる数をかきましょう。

① 1 km−400 m＝ ▢ m−400 m＝ ▢ m

② 1500 m−700 m＝ ▢ m

③ 1 km 200 m−800 m＝ ▢ m−800 m＝ ▢ m

④ 2 km 300 m−1 km 600 m＝ ▢ m−1600 m＝ ▢ m

2 計算をしましょう。

① 1 km 400 m−600 m　　　② 1 km 300 m−900 m

③ 2 km−600 m　　　④ 3 km 900 m−500 m

🔍よくみて

⑤ 2 km 300 m−800 m　　　⑥ 4 km 100 m−2 km 800 m

3 右の図を見て、▢ にあてはまる数をかきましょう。

① ゆうびん局から学校までの道のりは、

1 km 400 m− ▢ m＝ ▢ m

② 公園からたくやさんの家までの道のりは、

▢ km ▢ m−400 m
＝ ▢ m

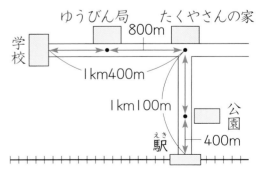

ゆうびん局　たくやさんの家
800m
学校
1km400m
1km100m
公園
駅　400m

 ヒント ● ③ 1 km 200 m−800 m のように m のたんいがひけないときは、1 km 200 m＝1200 m
として計算しましょう。

34

たしかめのテスト **31** 長 さ

1 まきじゃくを見て答えましょう。

1つ5点（20点）

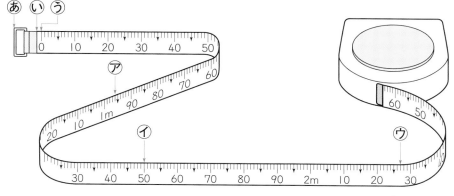

① ０の目もりのいちは、あ、い、うのどこですか。 （　　　　　　　　）

② ⑦、④、⑰の目もりをよみましょう。

⑦ （　　　　　　　） ④ （　　　　　　　） ⑰ （　　　　　　　）

2 計算をしましょう。

1つ8点（64点）

① 300 m＋900 m

② 1 km 700 m＋300 m

③ 3 km 500 m＋800 m

④ 1 km 900 m＋2 km 700 m

⑤ 1 km 300 m－600 m

⑥ 5 km－400 m

⑦ 2 km 600 m－500 m

⑧ 4 km 100 m－2 km 900 m

3 右の図を見て、答えましょう。

1つ8点（16点）

① たくやさんの家から市役所を通って交番まで行く道のりはどれだけですか。

（　　　　　　　　）

できならスゴイ!

② たくやさんの家から駅までの道のりは、⑦、④のどちらが近いですか。

⑦　市役所の前を通る。

④　スーパーマーケットの前を通る。

（　　　　　　　　）

駅　350m

250m

交番

スーパーマーケット

600m

450m

たくやさんの家

700m

市役所

35

練習

32 あまりのあるわり算のしかた

⊟▶答え 19 ページ

れいだい

★17÷4 を計算しましょう。

とき方 4のだんの九九を使ってもとめます。

四三　12……5あまります。

四四　16……1あまります。 → 17÷4＝4 あまり1

四五　20……3たりません。 （17わる4は4あまり1）

◎わり算のあまりは、わる数より小さくなるようにします。

💡◀わり算であまりがないとき→わり切れる。あまりがあるとき→わり切れないといいます。

◀わり算のあまりは、いつもわる数より小さくなるようにします。

---

① ☐にあてはまる数をかきましょう。

① 27÷5 → ☐ のだんの九九を
使ってもとめます。

五四　20…… ☐ あまります。

五五　25…… ☐ あまります。

五六　30…… ☐ たりません。

27÷5＝ ☐ あまり ☐

② 33÷8 → ☐ のだんの九九を
使ってもとめます。

八三　24…… ☐ あまります。

八四　32…… ☐ あまります。

八五　40…… ☐ たりません。

33÷8＝ ☐ あまり ☐

---

② ☐にあてはまる数をかきましょう。

① 19÷6＝3 あまり ☐

② 38÷7＝5 あまり ☐

③ 70÷9＝7 あまり ☐

④ 69÷8＝8 あまり ☐

---

③ 計算をしましょう。

① 11÷2

② 23÷3

③ 52÷7

④ 43÷5

⑤ 28÷6

⑥ 44÷8

⑦ 19÷4

⑧ 59÷9

あまりは、
わる数より
小さくするよ。

●ヒント　わる数の九九を使ってもとめます。「あまり＜わる数」です。

36

練習 33 答えのたしかめ

答え　19ページ

れいだい

★ 21÷6＝3 あまり3の答えをたしかめましょう。

とき方「わる数×答え＋あまり」　でたしかめることができます。

21÷6＝3 あまり3

6×3＋3＝21

（3×6＋3＝21 でもよい。）

3あまり3は正しい

☆ 26÷4＝5 あまり6

4×5＋6＝26 ですが、

あまりの6がわる数の4より

大きい。正しい答えは、

26÷4＝6 あまり2

・わり算では、「わる数×答え＋あまり＝わられる数」になります。

・あまりがわる数より小さいかどうかもたしかめます。

1 □にあてはまる数をかきましょう。

① 23÷4＝5 あまり □　　答えのたしかめ　4×5＋3＝ □

② 68÷8＝8 あまり □　　答えのたしかめ　8× □ ＋4＝ □

③ 37÷6＝㋐ □ あまり ㋑ □

答えのたしかめ　6× ㋐ □ ＋ ㋑ □ ＝ □

④ 46÷7＝㋐ □ あまり ㋑ □

答えのたしかめ　7× ㋐ □ ＋ ㋑ □ ＝ □

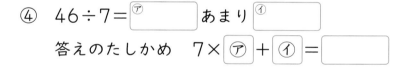

「わる数×答え＋あまり」の式で、たしかめをしよう。

2 わり算の答えが正しいものには○、まちがっているものには、正しい答えをかきましょう。

① 13÷2＝7 あまり1

② 47÷5＝8 あまり7

（　　　　　）　　（　　　　　）

③ 29÷4＝7 あまり1

④ 39÷6＝5 あまり9

（　　　　　）　　（　　　　　）

⑤ 64÷7＝8 あまり8

⑥ 80÷9＝8 あまり8

（　　　　　）　　（　　　　　）

ヒント　**②** ② 5×8＋7＝47 で、たしかめの式はあっています。あまりとわる数の大きさをくらべてみましょう。

たしかめのテスト

34 あまりのあるわり算

学習日　　月　　日

時間 20 分

／100

ごうかく 80 点

答え 20 ページ

1 計算をしましょう。

1つ3点(36点)

① 5÷2　　② 8÷3

③ 12÷5　　④ 11÷4

⑤ 46÷7　　⑥ 20÷3

⑦ 31÷9　　⑧ 52÷6

⑨ 70÷8　　⑩ 32÷7

⑪ 17÷3　　⑫ 65÷9

2 わり算の答えが正しいものには○、まちがっているものには、正しい答えをかきましょう。

1つ4点(24点)

① 24÷5＝4 あまり 4　(　　　)

② 22÷3＝8 あまり 2　(　　　)

③ 57÷7＝7 あまり 8　(　　　)

④ 45÷6＝6 あまり 9　(　　　)

⑤ 66÷9＝7 あまり 3　(　　　)

⑥ 38÷4＝8 あまり 4　(　　　)

③ ▢にあてはまる数をかきましょう。　　　　　　　　　　　　　　　　　1つ3点（30点）

① ▢÷5＝6

② 27÷▢＝9

③ ▢÷8＝6 あまり 3

④ ▢÷6＝7 あまり 2

⑤ ▢÷7＝8 あまり 5

⑥ ▢÷9＝4 あまり 3

⑦ ▢÷4＝9 あまり 1

⑧ ▢÷5＝5 あまり 4

⑨ ▢÷3＝6 あまり 2

⑩ ▢÷8＝8 あまり 6

活用　できたらスゴイ!

④ 次の月は、何週間と何日になりますか。　　　　　　　　　　　　　　　1つ5点（10点）

① 1月（31 日あります）

（　　　　　　　　　）

② 4月（30 日あります）

（　　　　　　　　　）

はってん　わり算の筆算

1 次のわり算をしましょう。

①
```
    7
6)4 2
  4 2
    0
```
②
```
7)5 3
  4 9
```

うすい字は、なぞって考えましょう。

2 次のわり算をしましょう。

①
```
4)32
```
②
```
9)66
```

☆25÷6 の筆算のしかた

```
6)25
```
← 左のようにかきます。

↓
```
    4
6)25
```
← 25 の一の位の上に 4 を立てます。

↓
```
    4
6)25
  24
```
← 「六四 24」で、25 の下に位をそろえてかきます。

↓
```
    4
6)25
  24
   1
```
← 25−24＝1 で、あまりは 1。

💡
◀**わり算の筆算**…次のことに注意します。
・どの位から答えが立つか考えます。
・一の位に立つ数を考えます。

練習 35 重さのたんいと表し方

答え 21 ページ

れいだい

★はかりをよみましょう。

とき方 小さい１目もりや大きい１目もりが何gかをよみとります。

⑦は 200g とあと 80g で 280g。

⑦は 1300g とあと 50g で 1350g。

1350g＝1kg350g です。

1kgまではかれます。100gを10に分けています。1目もりは10g。

2kgまではかれます。いちばん大きい１目もりは200g。

💡◀**重さのたんい**

グラム…gとかきます。

キログラム…kgとかきます。

1kg＝1000g

トン…tとかきます。とても重いものをはかるときのたんいです。

1t＝1000kg

1 ⑦、⑦、⑦のはかりをよみましょう。

⑦ 　⑦ 　⑦

(　　　　)　(　　　　)　(　　　　)

2 ▢にあてはまる数をかきましょう。

① 1kg＝▢g　　② 3000g＝▢kg

③ 1800g＝▢kg▢g　　④ 4kg60g＝▢g

⑤ 2090g＝▢kg▢g　　⑥ 1t＝▢kg

⑦ 5t700kg＝▢kg　　! **まちがい注意**
⑧ 6070kg＝▢t▢kg

ヒント ① まず、何kgまではかれるはかりかかくにんし、１目もりがどれだけの重さを表しているかをよみとりましょう。

練習 36 重さの計算

答え　21 ページ

れいだい

★① 700 g＋500 g　② 1 kg 300 g－400 g を計算しましょう。

とき方 重さの計算でも、同じたんいどうしを計算します。

① 700 g＋500 g＝1200 g
　1200 g＝<u>1 kg 200 g</u>

② たんいをそろえます。
　1 kg 300 g＝1300 g
　1300 g－400 g
　　　　　　＝<u>900 g</u>

◀重さの計算…重さも たし算やひき算が できます。

◀計算するときは、同じたんいどうしを計算します。

---

1 右の図を見て、□にあてはまる数をかきましょう。

童話の本と図かんをあわせた重さは、

800 g＋1 kg 600 g

＝1 kg □ g＝□ kg □ g です。

童話の本と図かんの重さのちがいは、

1 kg 600 g－800 g

＝□ g－800 g＝□ g です。

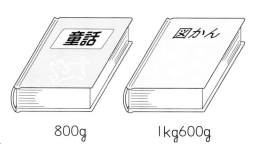

800g　　　1kg600g

たんいをそろえて 計算するんだね。

---

2 次の計算をしましょう。

①　300 g＋400 g

②　900 g＋600 g

③　1 kg 200 g＋500 g

④　1 kg 700 g＋300 g

⑤　600 g－200 g

⑥　1 kg 900 g－700 g

⑦　1 kg－300 g

⑧　1 kg 100 g－800 g

ヒント **2** ④ g のたんいどうしを計算すると、700 g＋300 g＝1000 g（1 kg）となります。

練習 ③⑦ たんいのかんけい

答え 22 ページ

れいだい

★これまでに学習したたんいについて、かんけいを調べましょう。

長さ　1mm →10倍→ 1cm →100倍→ 1m → ②倍 → 1km

かさ　1mL →100倍→ 1dL →10倍→ 1L

重さ　　　　　　　　　　　　　　　1g → ③倍 → 1kg →1000倍→ 1t

①倍

◀ m（ミリ）…1mm や 1mL の 1000 倍は、1m や 1L です。

◀ k（キロ）…1m や 1g の 1000 倍は、1km や 1kg です。

とき方　①　1mm を 1000 倍すると1m、1mL を 1000 倍すると 1L です。

②　1m を 1000 倍すると 1km です。

③　1g を 1000 倍すると 1kg です。

1 □にあてはまるたんいをかきましょう。

① つくえのたての長さ…40 □　　② 木の高さ…3 □

③ 遠足で歩いた道のり…8 □　　④ コップの水のかさ…200 □

⑤ おふろのおゆ…180 □　　⑥ みかん1この重さ…75 □

⑦ 大人の体重…60 □　　⑧ ゾウの体重…5 □

2 □にあてはまる数やたんいをかきましょう。

① 1mm　　1□　　□km

1000 倍　　1000 倍

たんいのかんけいをおぼえよう！

② 1g　　1kg　　1□

□倍　　1000 倍

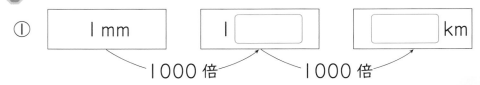

ヒント ① ①〜③には長さのたんい、④、⑤にはかさのたんい、⑥〜⑧には重さのたんいをかきましょう。

38 重 さ

1 ⑦、①、⑦のはかりをよみましょう。

1つ4点（12点）

⑦ （　　　　　　　）

① （　　　　　　　）

⑦ （　　　　　　　）

2 □にあてはまる数をかきましょう。

□1つ4点（32点）

① 1000 g ＝ □ kg

② 3 kg 400 g ＝ □ g

③ 4010 g ＝ □ kg □ g

④ 1 kg 75 g ＝ □ g

⑤ 1300 kg ＝ □ t □ kg

⑥ 2 t 5 kg ＝ □ kg

3 次の計算をしましょう。

1つ5点（40点）

① 900 g ＋ 400 g

② 3 kg 300 g ＋ 600 g

③ 2 kg 500 g ＋ 3 kg 700 g

④ 900 kg ＋ 500 kg

⑤ 600 g － 480 g

⑥ 1 kg － 200 g

⑦ 5 kg 300 g － 4 kg 400 g

⑧ 3 t 200 kg － 600 kg

できたらスゴイ！

4 右の図を見て答えましょう。　1つ8点（16点）

① 2人あわせた体重

（　　　　　　　）

② おにいさんとりえさんの体重のちがい

（　　　　　　　）

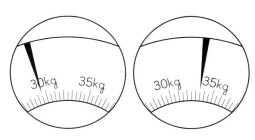

りえさんの体重　おにいさんの体重

練習 **39** 計算のじゅんじょ

答え 23 ページ

れいだい

★ 2×3×4 を計算しましょう。

とき方 (2×3)×4、2×(3×4) の 2 とおりの計算のしかたがあります。→ 1 つの式(しき)に表(あらわ)すことができます。

(2×3)×4＝2×(3×4)
　　↳ 2×3＝ 6　　↳ 3×4＝12　　計算するじゅんじょを
　　6×4＝24　　　2×12＝24　　かえても、答えは同じ
　　　　　　　　　　　　　　　　　です。
　　　　　　答えは同じ

◀ 3 つの数のかけ算…
はじめの 2 つの数を
さきに計算しても、
あとの 2 つの数をさ
きに計算しても、答
えは同じになります。

1 □にあてはまる数をかきましょう。

① 3×5×2 ⟶ (3× □)×2＝3×(□ ×2)

② 4×1×6 ⟶ (4×1)× □ ＝ □ ×(1×6)

2 □にあてはまる数をかきましょう。

① (4×2)×5＝4×(□ ×5)

② (3×3)×4＝3×(3× □)

③ (2×4)×7＝ □ ×(4×7)

④ (90×2)×3＝90×(□ ×3)

どちらの計算が
かんたんかな。

3 2 とおりのしかたで計算しましょう。

① 3×3×2

② 4×2×4

よくみて
③ 5×2×4

ヒント ③ はじめの 2 つの数をさきに計算するしかた、あとの 2 つの数をさきに計算するしかたの 2 と おりです。

40 計算のじゅんじょ

学習日　　月　　日

時間 **20** 分

／100

ごうかく **80** 点

答え **23** ページ

1 □にあてはまる数をかきましょう。

□1つ5点(50点)

① (3×4)×5＝3×(□ ×5)

② (6×2)×3＝6×(□ ×3)

③ (80×1)×7＝80×(□ ×7)

④ (□ ×3)×3＝5×(3×3)

⑤ (2×5)× □ ＝2×(□ ×2)

⑥ (3× □)×8＝3×(3× □)

⑦ (□ ×7)×5＝4×(7× □)

2 2とおりのしかたで計算しましょう。

1つ10点(30点)

① 2×4×2

② 3×2×5

③ 4×2×2

できたらスゴイ!

3 じゅんじょをかえて計算しましょう。

1つ10点(20点)

① 10×2×5

② 3×2×10

45

練習 41 何十、何百のかけ算

答え 24 ページ

れいだい

★ ① 30×2 ② 200×4 のかけ算をしましょう。

とき方 ① 10 が何こになるかを考えます。

30 ──→ 10 が3こ
30×2 ──→ 10 が
（3×2）こ
30×2＝60

② 100 が何こになるかを考えます。

200 ──→ 100 が2こ
200×4 ──→ 100 が
（2×4）こ
200×4＝800

◀（何十）×（1けた）の答えは、1けたどうしのかけ算の答えの右に0を1こつけた数、（何百）×（1けた）の答えは、1けたどうしのかけ算の答えの右に0を2こつけた数になります。

1 ☐ にあてはまる数をかきましょう。

① 40×2 は、10 が（4×☐）こで ☐

② 70×6 は、10 が（☐×6）こで ☐

③ 200×4 は、100 が（2×☐）こで ☐

④ 800×7 は、100 が（☐×7）こで ☐

10 が何こになるか、100 が何こになるかを計算して、0をつけよう。

2 かけ算をしましょう。

① 30×3　　　　　② 20×4

③ 40×6　　　　　④ 90×3

⑤ 60×8　　　　　⑥ 50×5

⑦ 20×5　　　　　⑧ 100×7

⑨ 400×2　　　　⑩ 300×9

⑪ 700×3　　　　⑫ 400×8

⑬ 400×5　　　　⑭ 600×5

ヒント 何十のかけ算は 10 円玉を、何百のかけ算は 100 円玉を使って考えましょう。

練習

42 （2けた）×（1けた）の筆算のしかた

≡→ 答え　24 ページ

れいだい

★26×3 を筆算でしましょう。

とき方 位をそろえて
かきます。

```
  2 6
×   3
```

一の位にかけます。

```
  2 6
×   3
    8
```

三六 18　1くり上げます。

十の位にかけます。

```
  2 6
×   3
  7 8
```

三二が6
くり上げた1とで7

💡 ◀かけ算の筆算のかきかた

```
    2 6
×     3
```

◀筆算では、位をそろえて、一の位からじゅんに計算します。

---

1 ☐にあてはまる数をかきましょう。

① 12×3

```
  1 2        1 2
×   3   ➡  ×   3
  ☐          ☐ 6
```
3×2　　　3×1

② 18×4

```
  1 8        1 8
×   4   ➡  ×   4
  ☐          ☐ 2
```
4×8　　4×1にくり上げた3をたす。

---

2 かけ算をしましょう。

①
```
  4 2
×   2
```

②
```
  3 1
×   3
```

③
```
  1 8
×   2
```

④
```
  2 8
×   3
```

⑤
```
  2 4
×   4
```

⑥
```
  1 4
×   7
```

---

3 筆算でしましょう。

① 21×3　　② 46×2

```
  2
  1 8
×   3
  9 4
```
この計算は、まちがいだよ。
3に（2＋1）を
かけているね。

3×1にくり上げた2をたすんだよ。

練習

43 （2けた）×（1けた）の筆算

答え 25ページ

れいだい

★48×3を筆算でしましょう。

とき方 位をそろえてかきます。

$$\begin{array}{r} 48 \\ \times\ 3 \\ \hline \end{array}$$

一の位にかけます。

$$\begin{array}{r} 48 \\ \times\ 3 \\ \hline 4 \end{array}$$

三八24　2くり上げます。

十の位にかけます。

$$\begin{array}{r} 48 \\ \times\ 3 \\ \hline 144 \end{array}$$

三四12
くり上げた2とで14

◀くり上がりがつづく筆算…一の位も十の位もくり上げるかけ算でも、これまでの筆算と同じように計算します。

1 □にあてはまる数をかきましょう。

① 31×5

$$\begin{array}{r} 31 \\ \times\ 5 \\ \hline \square \end{array} \Rightarrow \begin{array}{r} 31 \\ \times\ 5 \\ \hline \square\ 5\ 5 \end{array}$$

5×1　5×3

② 27×5

$$\begin{array}{r} 27 \\ \times\ 5 \\ \hline \square \end{array} \Rightarrow \begin{array}{r} 27 \\ \times\ 5 \\ \hline \square\ 3\ 5 \end{array}$$

5×7　5×2にくり上げた3をたします。

2 かけ算をしましょう。

① $\begin{array}{r} 72 \\ \times\ 4 \\ \hline \end{array}$

② $\begin{array}{r} 70 \\ \times\ 8 \\ \hline \end{array}$

③ $\begin{array}{r} 64 \\ \times\ 3 \\ \hline \end{array}$

④ $\begin{array}{r} 56 \\ \times\ 6 \\ \hline \end{array}$

⑤ $\begin{array}{r} 25 \\ \times\ 4 \\ \hline \end{array}$

＋－計算に強くなる！×÷
くり上がった数をわすれずにかいておくと、計算まちがいが少なくなるよ。

3 筆算でしましょう。

① 51×7

② 64×4

③ 12×9

ヒント ❸ ② 十の位は、4×6に1をたして25です。
百の位に2がくり上がることに注意しましょう。

 **練習** **44** **（3けた）×（1けた）の筆算**

 答え　25ページ

れいだい

★ 349×4 を筆算でしましょう。

とき方

```
  349        349        349
×   4   →  ×   4   →  ×   4
────       ────       ────
    6         96        1396
```

四九36　十の位に　　四四16　くり上げ　　四三12　くり上げ
3をくり上げます。　た3とで19　　　　た1とで13
　　　　　　　　　百の位に1くり上げ　千の位は1
　　　　　　　　　ます。

◀（3けた）×（1けた）の筆算…かけられる数が3けたになっても、これまでの筆算と同じように計算します。
くり上がりがつづくときは、くり上げた数はかいておきます。

---

1 ☐にあてはまる数をかきましょう。

① 384×2

```
  384        384
×   2   →  ×   2
────       ────
 □8         □68
```
2×8　　　2×3にくり上げた1をたします。

② 425×8

```
  425        425
×   8   →  ×   8
────       ────
 □0         □400
```
8×2にくり上げた4をたします。　8×4にくり上げた2をたします。

---

2 かけ算をしましょう。

```
①   412      ②   307      ③   524
  ×   2        ×   3        ×   4
  ─────        ─────        ─────
```

```
④   367      ⑤   735      ⑥   509
  ×   8        ×   6        ×   7
  ─────        ─────        ─────
```

くり上がった数を小さくかいておいて計算しよう。

---

3 筆算でしましょう。

① 183×2　　　② 725×3　　　③ 576×4

---

 ❷ ② 一の位は三七21で2くり上げます。
十の位は3×0なので、くり上がった2になります。

練習 45 かけ算のくふう

答え 26 ページ

れいだい

★ 136×2×4 を計算しましょう。

とき方 ① じゅんにかけます。
136×2＝272　272×4＝1088
② 2×4 をさきに計算します。
2×4＝8　　　136×8＝1088

答えは同じになります。

↓

かんたんに計算できるほうでしましょう。

◀ 3つの数のかけ算…
計算するじゅんじょをかえても、答えは同じになります。
◀ 計算がかんたんになるように考えます。

1 次の計算で、□にあてはまる数をかきましょう。

① 128×3×2

128×□＝384
384×□＝768

3×□＝6
128×□＝768

（1けた）×（1けた）のかけ算をさきに計算するほうが、かんたんだね。

② 247×2×4

247×□＝494
□×4＝1976

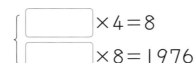

□×4＝8
□×8＝1976

2 くふうして計算しましょう。

① 60×2×2

② 80×3×2

③ 40×4×2

④ 90×3×2

⑤ 327×5×2

⑥ 160×3×3

⑦ 225×2×2

⑧ 125×2×4

ヒント ② ③ （40×4）×2 と 40×（4×2）では、どちらのほうが計算しやすいか考えましょう。

練習 46 暗算

答え 26 ページ

れいだい

★① 23×2 ② 26×3 を暗算でしましょう。

とき方 ① 23 を、20 と 3 に分けて、23 × 2

20　3

㋐　20×2＝40
㋑　3×2＝ 6
あわせて　46

② 26 を、20 と 6 に分けて、26 × 3

20　6

㋐　20×3＝60
㋑　6×3＝18
あわせて　78

💡 ◀かけ算の暗算

・はじめに答えの見当をつけます。
・かけられる数を、何十といくつに分けてかけ算をします。

1 次のかけ算の暗算で、□にあてはまる数をかきましょう。

① 13×3

10　3

かけられる数を、何十といくつに分けよう。

13 を、□ と 3 に分けます。

10×3＝□
3×3＝□
あわせて、□

② 46×2

40　6

46 を、□ と 6 に分けます。

40×2＝□
6×2＝□
あわせて、□

2 暗算でしましょう。

① 12×2
② 23×3
③ 42×2
④ 32×2
⑤ 11×8
⑥ 22×4

3 暗算でしましょう。

① 19×2
② 24×3
③ 15×5
④ 18×3
⑤ 37×2
⑥ 16×5

● ヒント　暗算をするときは、はじめに答えの見当をつけます。たとえば、23×2 なら、20×2＝40 だから、40 より大きい数になりそうだ、と考えましょう。

たしかめのテスト

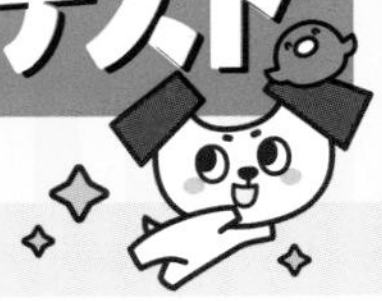

47 1けたをかけるかけ算の筆算

学習日　　月　　日

時間 20 分

／100

ごうかく 80 点

答え 27ページ

1 かけ算をしましょう。

1つ4点(36点)

① 23 × 2

② 43 × 2

③ 25 × 3

④ 61 × 8

⑤ 82 × 4

⑥ 64 × 7

⑦ 27 × 4

⑧ 73 × 7

⑨ 39 × 8

2 かけ算をしましょう。

1つ4点(24点)

① 413 × 2

② 124 × 4

③ 216 × 3

④ 328 × 3

⑤ 284 × 2

⑥ 161 × 6

③ かけ算をしましょう。　　　　　　　　　　　　　　　　　1つ4点(24点)

① 　427
　×　　6

② 　546
　×　　9

③ 　329
　×　　4

④ 　572
　×　　7

⑤ 　935
　×　　8

できたらスゴイ!

⑥ 　336
　×　　3

④ くふうして計算しましょう。　　　　　　　　　　　　　　1つ2点(4点)

① 30×3×2

② 140×2×2

⑤ 暗算_{あんざん}でしましょう。　　　　　　　　　　　　　　　　1つ2点(12点)

① 14×2

② 32×3

③ 24×2

④ 15×3

⑤ 17×5

⑥ 48×2

はってん （4けた）×（1けた）の筆算

1 かけ算をしましょう。

① 　　¹1 ¹1 ²2
　　2 3 4 6
　×　　　4
　　9 3 8 4

② 　1359
　×　　7

③ 　3857
　×　　4

④ 　4260
　×　　3

◀（4けた）×（1けた）の筆算_{ひっさん}でも、（3けた）×（1けた）の筆算と同じように、一の位_{くらい}からじゅんにかけていきます。
くり上がった数をわすれないようにかいておきましょう。

53

練習 48 式と計算

答え 28 ページ

れいだい

★ 1まい 15円の色紙 10まいと、1本 20円のえん筆を 10本買ったときの代金をもとめましょう。

◀ ( )を使った式
たしたものをかけても、かけたものをたしても、答えは同じになります。

とき方 ① 15＋20＝35
35×10＝350
1つの式にかくと、
(15＋20)×10
＝350

② 15×10＝150
20×10＝200
150＋200＝350
1つの式にかくと、
(15×10)＋(20×10)
＝350

(15＋20)×10＝(15×10)＋(20×10)

1 ◻にあてはまる数やしるしをかきましょう。

① (3＋5)×7＝◻
(3×7)＋(5×7)＝◻
(3＋5)×7 ◻ (3×7)＋(5×7)

② (4＋3)×10＝◻
(4×10)＋(3×10)＝◻
(4＋3)×10 ◻ (4×10)＋(3×10)

どちらの式も、
答えは同じに
なるね。

2 ◻にあてはまる数をかきましょう。

① (2＋4)×8＝(◻×8)＋(◻×8)

② (7－3)×6＝(◻×6)－(◻×6)

③ (8＋2)×◻＝(8×9)＋(2×9)

④ (50－20)×4＝(◻×4)－(20×◻)

⑤ (◻＋◻)×5＝(40×5)＋(30×5)

ヒント ( )を使った式では、( )の中をさきに計算します。式をつくるときは、計算がなるべくかんたんになるように考えましょう。

49 式と計算

1 次の計算をして、答えをくらべましょう。

1つ5点（20点）

① $\begin{cases} ⑦ & (3+4)×3 \\ ⑦ & (3×3)+(4×3) \end{cases}$ 　　② $\begin{cases} ⑦ & (15+8)×10 \\ ⑦ & (15×10)+(8×10) \end{cases}$

⑦ （　　　　）　⑦ （　　　　）　　　⑦ （　　　　）　⑦ （　　　　）

2 次の式の答えと同じになるものはどれですか。⑦、⑦、⑦、⑦からえらんで、記号をかきましょう。

1つ6点（12点）

① (6+2)×3

（　　　　）

② (70+20)×9

（　　　　）

```
⑦  (6+3)+(2+3)
⑦  (6×3)+(2×3)
⑦  (70×9)+(20×9)
⑦  (70+9)+(20+9)
```

3 □にあてはまる数をかきましょう。

□1つ6点（36点）

① (5+4)×6=(5×6)+(□×6)

② (4+6)×□=(4×8)+(6×8)

③ (30+20)×9=(□×9)+(□×9)

④ (70−10)×8=(70×□)−(10×□)

できたらスゴイ！

4 □にあてはまる数をかいて、計算の答えをかきましょう。

1つ8点（32点）

① 12×7=(□×7)+(3×7)

答え （　　　　）

② 15×9=(7×9)+(□×9)

答え （　　　　）

練習 50 小数の表し方としくみ

答え 29 ページ

れいだい

★① 4dL を小数で表すと、何 L になりますか。

② 0.1 を 27 こ集めた数はいくつになりますか。

とき方 ① 1dL を L のたんいで表すと 0.1 L

4dL は 1dL の 4 こ分だから、0.1 L の 4 こ分で、<u>0.4 L</u>

② 0.1 を 10 こ集めると 1 になるので、20 こ集めれば 2 になります。また、0.1 を 7 こ集めると 0.7 になります。

2 と 0.7 をあわせて <u>2.7</u>

◀0.1 L が 10 こ分で 1L になります。

◀2.7 のように、小数点のある数を、**小数**といいます。

1 ☐ にあてはまる数をかきましょう。

① 0.1 L の 5 こ分は ☐ L

② 1.7 L は、0.1 L の ☐ こ分

③ 3dL は ☐ L

④ 90 cm は ☐ m

⑤ 1 m 40 cm は ☐ m

⑥ 3800 m は ☐ km

2 ☐ にあてはまる数をかきましょう。

① 0.1 を 23 こ集めた数は ☐ です。

4.6 は小数だけれど、整数と小数の部分に分けられるよ。

② 4.6 は、1 を ☐ ことと 0.1 を ☐ こあわせた数です。

また、4.6 は、0.1 を ☐ こ集めた数です。

③ 8 は、0.1 を ☐ こ集めた数です。

④ ☐ は、0.1 を 36 こ集めた数です。

3 次の数の大小を、不等号を使って式にかきましょう。

① 0.8　　0.5　　　　② 1.3　　0.7　　　　③ 3.6　　4.2

（　　　　）（　　　　）（　　　　）

 **3** 小数も整数と同じように、数直線の上に表すことができます。右へいくほど大きくなるのは、小数のときも同じです。

練習  51 小数のたし算とひき算

答え 29 ページ

れいだい

★2.5＋0.8、2.5－0.8 をそれぞれもとめましょう。

とき方 2.5 は 0.1 が 25 こ、0.8 は 0.1 が 8 こ、あわせると、0.1 が 33 こになるから、

2.5＋0.8＝<u>3.3</u>

また、ひくと、0.1 が 17 こになるから、

2.5－0.8＝<u>1.7</u>

◀0.1 があわせて何こ分、ひくと何こ分あるかを考えていきます。

1 たし算をしましょう。

① 0.1＋0.2 ② 0.2＋0.4 ③ 0.5＋0.2 ④ 0.2＋0.6

⑤ 0.8＋0.1 ⑥ 0.7＋0.3 ⑦ 1.4＋0.3 ⑧ 3.2＋0.6

⑨ 1.4＋0.9 ⑩ 0.8＋3.5 ⑪ 4.7＋0.6 ⑫ 2.6＋0.4

2 ひき算をしましょう。

① 0.3－0.2 ② 0.8－0.5 ③ 0.7－0.4 ④ 0.9－0.7

⑤ 0.6－0.4 ⑥ 1－0.2 ⑦ 1.5－0.6 ⑧ 4.7－0.9

⑨ 2.4－0.6 ⑩ 3.2－0.5 ⑪ 4－0.5 ⑫ 7.2－0.2

ヒント **1** ⑥ 小数第 1 位（$\frac{1}{10}$ の位）の数が 0 になったときは、その 0 と小数点をとりましょう。

練習

52 小数のたし算の筆算

答え 30 ページ

れいだい

★4.2＋2.6 を筆算でしましょう。

とき方
```
   4.2
 + 2.6
-----
   6.8
```

① 位をたてにそろえてかきます。
② 整数のたし算と同じように計算します。
③ 上の小数点にそろえて答えの小数点をうちます。

◀整数のときの筆算と同じように、位をたてにきちんとそろえます。

1 計算をしましょう。

①
```
   4.6
 + 2.7
-----
```

②
```
    6
 + 3.8
-----
```

②6は 6.0 と考えて計算しよう。

2 次の計算を筆算でしましょう。

① 0.3＋0.6　　② 1.2＋2.3　　③ 3.5＋3.4　　④ 5.1＋4.8

⑤ 0.4＋0.7　　⑥ 4.3＋1.9　　⑦ 6.4＋2.7　　⑧ 7＋3.7

⑨ 6.2＋8　　⑩ 5.3＋4.7

計算に強くなる！

小数点をそろえて計算します。答えが整数になったときは、小数点と0をとっておこう。

ヒント ② ⑧ 7は 7.0 と考えて計算しましょう。

練習

53 小数のひき算の筆算

▶答え 30 ページ

れいだい

★5.8－3.2 を筆算でしましょう。

とき方

```
   5.8
 − 3.2
   2.6
```

① 位をたてにそろえてかきます。

② 整数のひき算と同じように計算します。

③ 上の小数点にそろえて答えの小数点をうちます。

💡◀整数のときの筆算と同じように、位をたてにきちんとそろえます。

1 計算をしましょう。

①
```
   4.3
 − 2.8
```

②
```
   3.3
 − 2.9
```

```
   1.5
 − 0.8
   0.7
```
のように、0 をかくのをわすれないようにしよう。

2 次の計算を筆算でしましょう。

① 0.9－0.4　② 2.6－1.2　③ 8.7－2.3　④ 3.8－1.2

⑤ 4.3－0.5　⑥ 7.2－5.8　⑦ 4－1.7　⑧ 8－2.4

⑨ 6.9－2.9　⑩ 5.4－4.6

＋ー計算に強くなる！×÷

一の位の数が0になったときには、0をかきたしておこう。

ヒント ❷ ⑨ 答えの小数第1位（$\frac{1}{10}$ の位）が0のときは、小数点と0をとりましょう。

1 □ にあてはまる数をかきましょう。　　　1つ2点(16点)

① 7mm = ⬚ cm

② 4dL = ⬚ L

③ 4cm 3mm = ⬚ cm

④ 2L 6dL = ⬚ L

⑤ 1km 800m = ⬚ km

⑥ 70cm = ⬚ m

⑦ 280cm = ⬚ m

⑧ 32dL = ⬚ L

2 □ にあてはまる数をかきましょう。　　　□1つ2点(12点)

① 0.1 を 14 こ集めた数は ⬚ です。

② 2.8 は、1 を ⬚ ことと 0.1 を ⬚ こあわせた数です。
また、2.8 は、0.1 を ⬚ こ集めた数です。

③ 9 は、0.1 を ⬚ こ集めた数です。

④ ⬚ は、0.1 を 54 こ集めた数です。

3 次の数の大小を、不等号を使って式にかきましょう。　　　1つ3点(12点)

① 0.9　　0.7

② 1.2　　1.8

(　　　　　　　　　)

(　　　　　　　　　)

③ 2.2　　2.8

④ 3.3　　2.9

(　　　　　　　　　)

(　　　　　　　　　)

4 計算をしましょう。 1つ2点（24点）

① 0.3＋0.5　② 0.2＋1.2　③ 2.4＋0.4　④ 0.9＋0.1

⑤ 0.7＋0.6　⑥ 3.2＋0.8　⑦ 0.9－0.2　⑧ 1.5－0.4

⑨ 1－0.6　⑩ 1.3－0.9　⑪ 1.1－0.2　⑫ 4－0.3

5 次の計算を筆算でしましょう。 1つ3点（36点）

① 4.2＋2.3　② 3.5＋1.8　③ 2.4＋3.9　④ 8＋6.3

⑤ 5.9＋7　⑥ 5.4＋3.6　⑦ 7.4－3.1　⑧ 8.2－2.5

できたらスゴイ！

⑨ 4－2.8　⑩ 3.6－1.6　⑪ 2.1－1.3　⑫ 9－8.1

55 計算のふく習テスト②

1 次の計算を暗算でしましょう。　　　　　　　　　　　　1つ2点（12点）

① 32＋45　　　　② 59＋26　　　　③ 48＋54

④ 78－26　　　　⑤ 61－38　　　　⑥ 100－52

2 次の計算をしましょう。　　　　　　　　　　　　　　　1つ2点（16点）

① 19÷4　　　　② 38÷5　　　　③ 49÷9

④ 35÷8　　　　⑤ 41÷6　　　　⑥ 20÷3

⑦ 37÷7　　　　⑧ 27÷4

3 かけ算をしましょう。　　　　　　　　　　　　　　　　1つ3点（18点）

① 30×2　　　　　　　　　② 90×7

③ 50×4　　　　　　　　　④ 300×6

⑤ 600×9　　　　　　　　⑥ 500×8

4 かけ算をしましょう。　　　　　　　　　　　　　　　　　　　　　　　1つ3点（18点）

① 　24
　　×　3
　　────

② 　72
　　×　3
　　────

③ 　56
　　×　7
　　────

④ 　68
　　×　8
　　────

⑤ 　48
　　×　7
　　────

⑥ 　26
　　×　4
　　────

5 かけ算をしましょう。　　　　　　　　　　　　　　　　　　　　　　　1つ2点（18点）

① 　123
　　×　　4
　　─────

② 　227
　　×　　3
　　─────

③ 　162
　　×　　4
　　─────

④ 　273
　　×　　3
　　─────

⑤ 　519
　　×　　6
　　─────

⑥ 　276
　　×　　8
　　─────

⑦ 　437
　　×　　6
　　─────

⑧ 　349
　　×　　7
　　─────

⑨ 　126
　　×　　8
　　─────

6 次の計算を筆算でしましょう。　　　　　　　　　　　　　　　　　　1つ2点（18点）

① 3.4＋2.3

② 4.8＋1.5

③ 7＋5.4

④ 6.2＋3.8

⑤ 8.6－2.1

⑥ 6.1－3.4

⑦ 6－4.5

⑧ 7.2－6.8

⑨ 7－6.3

練習 56 分数の表し方

答え 33 ページ

れいだい

★次の長さを、分数を使って表しましょう。

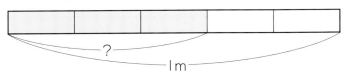

?
1m

とき方 1m を 5等分したうちの 3こ分になるから、$\frac{3}{5}$ m

◀$\frac{3}{5}$ は、5分の3とよみ、5を分母、3を分子といいます。

◀等分する…同じ大きさに分けることです。

1 次の長さを、分数を使って表しましょう。

①
1m

（　　　　　）

②
1m

（　　　　　）

③
1m

（　　　　　）

2 □にあてはまる数をかきましょう。

① $\frac{5}{7}$ m は、$\frac{1}{7}$ m の □ こ分。

② $\frac{1}{4}$ m の 2こ分は □ m。

③ $\frac{3}{10}$ L は、1L を 10 こに分けた □ こ分。

④ $\frac{8}{10}$ L は、$\frac{1}{10}$ L の □ こ分。

⑤ 1L を 4こに分けた 4こ分は □ L。

⑥ $\frac{1}{5}$ L の 5つ分は □ L。

$\frac{3}{3}$ と1は同じことだよ。

●ヒント● ① 分母は等しく分けた数を表し、分子はそれが何こあるかを表します。

練習 57 分数の大小、分数と小数

答え　33ページ

れいだい ★ $\frac{3}{6}$ と $\frac{5}{6}$ の大小を、不等号を使って表しましょう。

とき方 数直線の上に表して考えます。

$$\frac{3}{6} \qquad \frac{5}{6}$$

0 ——————————————— 1

$\frac{5}{6}$ のほうが数直線の右にあるので、$\frac{3}{6} < \frac{5}{6}$

◀分母の数が同じであるとき、分子の数が大きいほど、その分数は大きいといえます。

1 次の数の大小を、等号や不等号を使って式にかきましょう。

① $\frac{4}{5}$ 　 $\frac{3}{5}$

（　　　　　）

② $\frac{2}{7}$ 　 $\frac{5}{7}$

（　　　　　）

③ $\frac{5}{9}$ 　 $\frac{7}{9}$

（　　　　　）

④ 1 　 $\frac{6}{8}$

（　　　　　）

⑤ $\frac{6}{6}$ 　 1

（　　　　　）

⑥ $\frac{3}{4}$ 　 1

（　　　　　）

2 次の小数は分数で、分数は小数でかきましょう。

① 0.1

（　　　　　）

② 0.4

（　　　　　）

③ 0.7

（　　　　　）

④ $\frac{5}{10}$

（　　　　　）

⑤ $\frac{9}{10}$

（　　　　　）

0.1 ＝ $\frac{1}{10}$ というのがもとになっているんだよ。

⑥ $\frac{8}{10}$

（　　　　　）

ヒント　① ＝を等号、＞、＜を不等号といいます。
分母と分子の数が同じである分数は、1 になります。

練習

58 分数のたし算とひき算

答え 34 ページ

れいだい

★ $\dfrac{3}{7}+\dfrac{2}{7}$、$\dfrac{6}{7}-\dfrac{2}{7}$ の計算をしましょう。

とき方
- $\dfrac{3}{7}+\dfrac{2}{7}$ … $\dfrac{1}{7}$ が $(3+2)$ こで $\dfrac{5}{7}$、$\dfrac{3}{7}+\dfrac{2}{7}=\dfrac{5}{7}$
- $\dfrac{6}{7}-\dfrac{2}{7}$ … $\dfrac{1}{7}$ が $(6-2)$ こで $\dfrac{4}{7}$、$\dfrac{6}{7}-\dfrac{2}{7}=\dfrac{4}{7}$

💡 ◀分母が同じ分数のたし算、ひき算では、分母はそのままにして、分子だけを計算します。分母と分子が同じときは、1とします。

1 □にあてはまる数をかきましょう。

① $\dfrac{4}{9}+\dfrac{1}{9}$

$\dfrac{1}{9}$ が $(\boxed{}+\boxed{})$ こで $\dfrac{\boxed{}}{9}$

$\dfrac{4}{9}+\dfrac{1}{9}=\boxed{}$

② $\dfrac{7}{9}-\dfrac{2}{9}$

$\dfrac{1}{9}$ が $(\boxed{}-\boxed{})$ こで $\dfrac{\boxed{}}{9}$

$\dfrac{7}{9}-\dfrac{2}{9}=\boxed{}$

分数のたし算やひき算は、分子のたし算やひき算だ！！

2 次の計算をしましょう。

① $\dfrac{1}{4}+\dfrac{2}{4}$

② $\dfrac{2}{7}+\dfrac{4}{7}$

③ $\dfrac{3}{9}+\dfrac{2}{9}$

④ $\dfrac{3}{8}+\dfrac{4}{8}$

⑤ $\dfrac{1}{6}+\dfrac{5}{6}$

⑥ $\dfrac{7}{10}+\dfrac{3}{10}$

⑦ $\dfrac{5}{7}-\dfrac{2}{7}$

⑧ $\dfrac{4}{5}-\dfrac{3}{5}$

⑨ $\dfrac{4}{9}-\dfrac{2}{9}$

⑩ $\dfrac{5}{6}-\dfrac{4}{6}$

⑪ $1-\dfrac{3}{8}$

⑫ $1-\dfrac{7}{10}$

ヒント ② ⑪ $1-\dfrac{3}{8}=\dfrac{8}{8}-\dfrac{3}{8}$ と考えましょう。

1 □にあてはまる数をかきましょう。

1つ5点(15点)

① $\frac{4}{10}$ L は、1L を 10 こに分けた □ こ分。

② $\frac{1}{7}$ m の □ こ分は $\frac{6}{7}$ m。

③ $\frac{6}{10}$ m は、1m を 10 こに分けた □ こ分。

2 次の数の大小を、等号や不等号を使って式にかきましょう。

1つ5点(25点)

① $\frac{5}{6}$　　$\frac{3}{6}$

（　　　　　　　）

② 0.9　　$\frac{5}{10}$

（　　　　　　　）

③ 1　　$\frac{5}{5}$

（　　　　　　　）

④ $\frac{3}{8}$　　$\frac{7}{8}$

（　　　　　　　）

⑤ $\frac{6}{7}$　　1

（　　　　　　　）

3 次の計算をしましょう。

1つ5点(60点)

① $\frac{2}{6}+\frac{3}{6}$

② $\frac{2}{10}+\frac{5}{10}$

③ $\frac{2}{8}+\frac{5}{8}$

④ $\frac{1}{9}+\frac{4}{9}$

⑤ $\frac{3}{7}+\frac{4}{7}$

⑥ $\frac{1}{4}+\frac{3}{4}$

⑦ $\frac{7}{8}-\frac{2}{8}$

⑧ $\frac{9}{10}-\frac{5}{10}$

⑨ $\frac{4}{6}-\frac{3}{6}$

⑩ $\frac{3}{5}-\frac{1}{5}$

⑪ $1-\frac{5}{9}$

⑫ $1-\frac{5}{7}$

練習 60 何十をかけるかけ算

答え 35ページ

れいだい

★13×20 の計算をしましょう。

とき方 13×20 の答えは、13×2 の答えの 10倍
→ 26 の右に 0 を 1 こつけた数になります。

$$13×20=(13×2)×10$$
$$=26×10$$
$$=\underline{260}$$

💡◀何十をかけるかけ算
（2けた）×（1けた）
の計算をして、答え
の右に 0 を 1 こつけ
るとよいです。

1 43×50 の答えを、次のようにしてもとめました。☐ にあてはまる数をかきましょう。

43×50 の答えは、43×5 の答えの ☐ 倍です。

43×5＝☐ 、 ☐ の右に 0 を ☐ こ

つけた数になります。

43×50＝☐

5倍してから
10倍するんだね。

2 かけ算をしましょう。

① 12×30

② 23×20

③ 24×30

④ 14×40

⑤ 9×60

⑥ 36×40

⑦ 56×40

⑧ 28×60

⑨ 35×20

⑩ 30×80

 **ヒント** ② ① 12×3 のかけ算をしたあと、その答えの右に 0 を 1 こつけます。
12×30＝(12×3)×10

練習  61 （2けた）×（2けた）の筆算のしかた

 答え　35 ページ

れいだい

★24×32 を筆算でしましょう。

とき方 まず、位をそろえてかきます。

```
①   2 4      ②   2 4      ③   2 4
  × 3 2   →    × 3 2   →    × 3 2
    4 8          4 8          4 8
               7 2 0        7 2
                            7 6 8
         この0はかきません
```

① 24 に 2 をかけます。
② 24 に 3 をかけます。
③ たします。

💡 ◀（2けた）×（2けた）
のかけ算の筆算
①一の位をかけます。
②十の位をかけます。
③たし算をします。

---

1 45×13 の筆算で、□ に
あてはまる数をかきましょ
う。

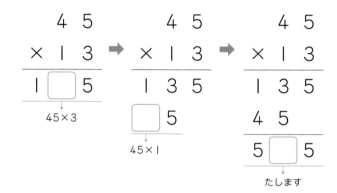

```
    4 5          4 5          4 5
  × 1 3   →    × 1 3   →    × 1 3
  1 □ 5        1 3 5        1 3 5
              □ 5          4 5
   45×3                    5 □ 5
              45×1
                          たします
```

---

2 右の計算で、正しいものに
は○、まちがっているもの
には、正しい答えをかきま
しょう。

```
①   1 4      ②   2 3      ③   3 4
  × 3 2        × 1 6        × 2 7
    2 8        1 3 8        2 3 8
    4 2          2 3          6 8
    7 0        3 6 8        9 1 8
```

（　　　）　（　　　）　（　　　）

---

3 かけ算をしましょう。

```
①   1 3      ②   2 1      ③   1 7      ④   2 3
  × 2 2        × 1 5        × 4 2        × 2 6
```

● ヒント ❷ ① 14 に 3 をかけるとき、十の位からかきましょう。

練習 62 （2けた）×（2けた）の筆算

答え **36 ページ**

れいだい

★65×39 を筆算でしましょう。

とき方 まず、位をそろえてかきます。

①
```
  65
×39
─────
 585
```

②
```
  65
×39
─────
 585
195
```

③
```
   65
 ×39
─────
  585
 195
─────
2535
```

① 65 に 9 をかけます。
② 65 に 3 をかけます。
③ たします。

💡 ◀（2けた）×（2けた）のかけ算の筆算…くり上がりが何回あっても計算のしかたは同じです。
◀くり上がりがつづくので、注意して計算します。

---

1 48×76 の筆算で、□にあてはまる数をかきましょう。

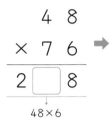

```
    4 8
  × 7 6
  ─────
  2 □ 8
```
48×6

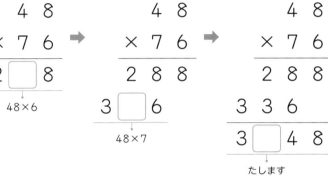

```
    4 8
  × 7 6
  ─────
  2 8 8
  3 □ 6
```
48×7

```
    4 8
  × 7 6
  ─────
  2 8 8
  3 3 6
  ─────
  3 □ 4 8
```
たします

---

2 かけ算をしましょう。

①
```
  43
×39
```

②
```
  45
×29
```

③
```
  66
×82
```

❗まちがい注意

④
```
  75
×58
```

⑤
```
  65
×84
```

➕➖計算に強くなる！✖➗

かけ算、たし算のくり上がりに注意して計算します。かけ算の答えに０がついているときは、かく位に気をつけよう。

---

3 次のかけ算を筆算でしましょう。

① 46×39
② 76×65
③ 85×32

❝ヒント❞ くり上がりや、十の位の答えをかく場所に注意して、おちついて計算しましょう。

練習 63 かけ算のくふう

答え　36ページ

れいだい ★① 26×40　② 8×47を筆算でしましょう。

とき方 ①　26×0＝0 → 一の位に0
だけをかいて、26×4の答
えを、十の位からかきはじめ
ます。

②　かけられる数とかける数を
入れかえても答えは同じ →
（2けた）×（1けた）のかけ
算にできます。

①
```
    26        26
  × 40  ➡   × 40
    00       1040
   104
  1040
```

②
```
     8         47
  × 47  ➡   ×  8
    56        376
   32
   376
```

◀かけ算のくふう…
26×40の筆算は、
00をかかずに1だ
んでかくことができ
ます。

◀かけられる数とかけ
る数を入れかえても、
答えは同じになりま
す。

1 □ にあてはまる数をかきましょう。

①
```
    1 8
  × 2 0
  3 6 □
```

②
```
    5 8
  × 5 0
  2 9 □ 0
```

③
```
    7 6
  × 9 0
  6 □ 4 □
```

④　5×69の筆算では、
かけられる数とかける数
を入れかえて、

69×□ とします。

```
    6 9
  ×   5
  3 □ 5
```

（2けた）×（1けた）にすると、
筆算を2かいだてにしなくて
いいから、かんたんだよ。

2 かけ算をしましょう。④、⑤、⑥は、筆算でしましょう。

①
```
  1 7
 ×50
```

②
```
  3 8
 ×40
```

③
```
  5 6
 ×20
```

④　3×45

⑤　6×38

⑥　9×24

ヒント ② ①〜③　一の位に0だけをかいて、十の位の計算の答えを十の位からかきましょう。

練習 64 （3けた）×（2けた）の筆算

答え 37 ページ

れいだい

★324×43を筆算でしましょう。

とき方 まず、位をそろえてかきます。

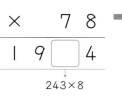

①
```
  324
×  43
  972
```

②
```
  324
×  43
  972
 1296
```

③
```
  324
×  43
  972
 1296
13932
```

① 324 に 3 をかけます。
② 324 に 4 をかけます。
③ たします。

◀（3けた）×（2けた）のかけ算の筆算…（2けた）×（2けた）のときと同じように計算します。

◀くり上がりがつづくので、注意して計算します。

---

1 243×78 の筆算で、□ にあてはまる数をかきましょう。

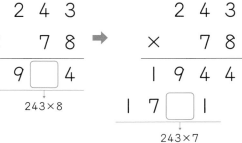

```
  2 4 3
×   7 8
1 9 □ 4
```
243×8
→
```
  2 4 3
×   7 8
1 9 4 4
1 7 □ 1
```
243×7
→
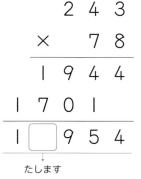
```
  2 4 3
×   7 8
1 9 4 4
1 7 0 1
1 □ 9 5 4
```
たします

---

2 かけ算をしましょう。

①
```
  328
×  43
```

②
```
  559
×  74
```

③
```
  628
×  65
```

④
```
  736
×  40
```

⑤
```
  800
×  56
```

🔍**よくみて**

⑥
```
  902
×  28
```

---

3 次のかけ算を筆算でしましょう。

① 196×46　　② 425×24　　③ 340×64

ヒント ❷ ④ 一の位に0だけをかいて、736×4 の答えを十の位からかきましょう。

練習 65 暗算

答え 37 ページ

れいだい ★① 13×40　② 230×4 を暗算でしましょう。

とき方

① まず、13×4 を計算します。

13 × 4

10　　3

㋐　10×4＝40

㋑　3×4＝12

あわせて　52

0を1つつけたして、520

② まず、23×4 を計算します。

23 × 4

20　　3

㋐　20×4＝80

㋑　3×4＝12

あわせて　92

0を1つつけたして、920

💡 ◀かけ算の暗算

・0をとった整数ど うしの計算をしま す。

・計算の答えに0を つけたします。

---

1 次のかけ算の暗算で、□ にあてはまる数をかきましょう。

① 12×60　12を、10と2に 分けます。

0は、計算を したあとに つけたそう。

10×6＝□

2×6＝□

あわせて、□

0をつけたして、

□

② 25×30　25を、20と5に 分けます。

20×3＝□

5×3＝□

あわせて、□

0をつけたして、

□

---

2 暗算でしましょう。

① 13×50

② 16×30

③ 17×40

④ 14×60

---

3 暗算でしましょう。

① 140×4

② 120×7

③ 260×3

④ 240×4

ヒント 0のついた数の暗算をするときは、0をとった整数の計算をしてから、その答えに0をつけたし ましょう。

 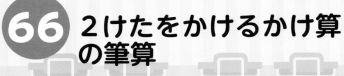 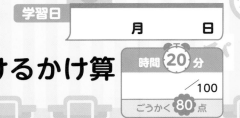
1 かけ算をしましょう。　　　　　　　　　　　　　　　　　1つ3点（18点）

① 48×30

② 35×40

③ 18×60

④ 24×70

⑤ 40×80

⑥ 60×90

2 かけ算をしましょう。　　　　　　　　　　　　　　　　　1つ3点（18点）

① 　56
　×36

② 　74
　×49

③ 　47
　×63

④ 　35
　×48

⑤ 　28
　×65

⑥ 　66
　×25

3 次のかけ算を筆算でしましょう。　　　　　　　　　　　　1つ4点（12点）

① 47×30

② 60×28

③ 7×53

4 かけ算をしましょう。 1つ3点（27点）

①
$$423 \times 36$$

②
$$618 \times 47$$

③
$$836 \times 59$$

④
$$286 \times 64$$

⑤
$$329 \times 84$$

⑥
$$136 \times 74$$

⑦
$$825 \times 24$$

⑧
$$508 \times 45$$

⑨
$$900 \times 63$$

5 次のかけ算を筆算でしましょう。 1つ3点（9点）

① 360×73

② 603×70

できたらスゴイ!
③ 125×48

6 暗算でしましょう。 1つ4点（16点）

① 18×30

② 24×40

③ 160×4

④ 280×3

答え 39 ページ

れいだい

★□にあてはまる数をもとめましょう。

① □+5=19

とき方 図にかいて、

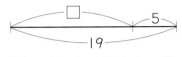

□は 19 より5小さい数だから、

□=19-5

□=14

② □×4=48

とき方 図にかいて、

□は 48 を同じ数ずつ4つに分けた数だから、

□=48÷4

□=12

◀□にあてはまる数を見つけるには
・□にいろいろな数をあてはめてみる。
・図にかいて考えてみる。
の2つのとき方があります。わかりやすいほうでといていこう。

1 □にあてはまる数をかきましょう。

① 25-□=16

図にかいて、

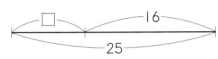

□は 25 より

[　　　　　]小さい数だから、

② 32÷□=8

図にかいて、

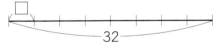

□は 32 を8つに分けた数だから、

図にかいて、どんな計算をすればよいか考えよう。

2 □にあてはまる数をもとめましょう。

① □+8=11
（　　　　　）

② □+9=23
（　　　　　）

③ 15-□=9
（　　　　　）

④ 32-□=8
（　　　　　）

⑤ □×5=40
（　　　　　）

⑥ □×6=72
（　　　　　）

⑦ 48÷□=6
（　　　　　）

⑧ 63÷□=9
（　　　　　）

●ヒント **2** ①〜④はひき算、⑤〜⑧はわり算を使いましょう。

たしかめのテスト 68 □を使った式

答え 39ページ

1 □にあてはまる数をもとめましょう。

1つ5点(50点)

① □＋5＝14 　　（　　　　）

② □＋18＝33 　　（　　　　）

③ □＋21＝45 　　（　　　　）

④ □＋39＝56 　　（　　　　）

⑤ 48＋□＝71 　　（　　　　）

⑥ 19－□＝6 　　（　　　　）

⑦ 53－□＝35 　　（　　　　）

⑧ 42－□＝24 　　（　　　　）

⑨ 72－□＝18 　　（　　　　）

できたらスゴイ！

⑩ □－19＝15 　　（　　　　）

2 □にあてはまる数をもとめましょう。

1つ5点(50点)

① □×3＝15 　　（　　　　）

② □×8＝72 　　（　　　　）

③ □×5＝85 　　（　　　　）

④ □×6＝96 　　（　　　　）

⑤ 4×□＝84 　　（　　　　）

⑥ 16÷□＝4 　　（　　　　）

⑦ 24÷□＝8 　　（　　　　）

⑧ 45÷□＝5 　　（　　　　）

⑨ 64÷□＝8 　　（　　　　）

できたらスゴイ！

⑩ □÷5＝12 　　（　　　　）

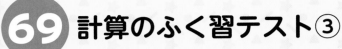

本文 64〜77 ページ 　 答え 40 ページ

1 計算をしましょう。　　　　　　　　　　　　　　1つ5点(40点)

① $\dfrac{5}{9}+\dfrac{2}{9}$ 　　② $\dfrac{2}{6}+\dfrac{1}{6}$ 　　③ $\dfrac{2}{9}+\dfrac{7}{9}$

④ $\dfrac{2}{10}+\dfrac{8}{10}$ 　　⑤ $\dfrac{6}{8}-\dfrac{1}{8}$ 　　⑥ $\dfrac{9}{10}-\dfrac{4}{10}$

⑦ $1-\dfrac{2}{5}$ 　　⑧ $1-\dfrac{1}{10}$

2 かけ算をしましょう。　　　　　　　　　　　　　1つ5点(30点)

①　　　18
　　　×37

②　　　24
　　　×49

③　　　62
　　　×28

④　　　25
　　　×24

⑤　　　76
　　　×40

⑥　　　82
　　　×30

3 かけ算をしましょう。　　　　　　　　　　　　　1つ5点(30点)

①　　256
　　×　38

②　　324
　　×　67

③　　618
　　×　72

④　　345
　　×　48

⑤　　804
　　×　59

⑥　　400
　　×　83

70 3年生の計算のまとめ

1回目

時間 **20** 分

／100

ごうかく **80** 点

答え **40** ページ

1 次の計算をしましょう。

1つ4点（32点）

① $18 \div 3$　　② $72 \div 8$　　③ $26 \div 5$　　④ $32 \div 9$

⑤
```
   329
 + 245
```

⑥
```
   783
 - 529
```

⑦
```
   4276
 + 2357
```

⑧
```
   7231
 - 3458
```

2 次の計算をしましょう。

1つ4点（32点）

①
```
   18
 ×  4
```

②
```
   49
 ×  6
```

③
```
   959
 ×   2
```

④
```
   328
 ×   7
```

⑤
```
   53
 × 28
```

⑥
```
   48
 × 25
```

⑦
```
   225
 ×  48
```

⑧
```
   480
 ×  39
```

3 次の計算を筆算でしましょう。

1つ5点（20点）

① $2.6 + 1.9$　　② $6.3 + 3.7$　　③ $7.2 - 2.8$　　④ $5 - 3.6$

4 次の計算をしましょう。

1つ4点（16点）

① $\dfrac{2}{5} + \dfrac{1}{5}$　　② $\dfrac{3}{8} + \dfrac{5}{8}$　　③ $\dfrac{4}{7} - \dfrac{2}{7}$　　④ $1 - \dfrac{2}{9}$

まとめのテスト

71 3年生の計算のまとめ

2回目

1 次の計算をしましょう。　　　　　　　　　　　　1つ4点(32点)

① $48 \div 6$　　② $24 \div 4$　　③ $58 \div 6$　　④ $42 \div 8$

⑤
```
  448
+ 397
```

⑥
```
  624
- 487
```

⑦
```
  6572
+  328
```

⑧
```
  6580
-   89
```

2 次の計算をしましょう。　　　　　　　　　　　　1つ4点(32点)

①
```
  19
×  3
```

②
```
  83
×  6
```

③
```
  563
×   2
```

④
```
  604
×   7
```

⑤
```
  21
×89
```

⑥
```
  95
×40
```

⑦
```
  409
×  75
```

⑧
```
  350
×  84
```

3 次の計算を筆算でしましょう。　　　　　　　　　1つ5点(20点)

① $4.7 + 3.5$　　② $8.4 + 1.6$　　③ $7.1 - 2.5$　　④ $6 - 0.8$

4 次の計算をしましょう。　　　　　　　　　　　　1つ4点(16点)

① $\dfrac{5}{9} + \dfrac{2}{9}$　　② $\dfrac{4}{7} + \dfrac{3}{7}$　　③ $\dfrac{3}{4} - \dfrac{1}{4}$　　④ $1 - \dfrac{3}{10}$

3年　チャレンジテスト①

名前

月　　日

時間 40分　ごうかく70点 ／100　答え42ページ

1 □にあてはまる数をかきましょう。　1つ2点(12点)

① $5 \times 4 = 5 \times 3 + \boxed{}$

② $3 \times 8 = 3 \times 9 - \boxed{}$

③ $4 \times 6 = \boxed{} \times 4$

④ $\boxed{} \times 8 = 48$

⑤ $3 \times \boxed{} = 0$

⑥ $\boxed{} \times 7 = 70$

2 かけ算をしましょう。　1つ2点(8点)

① 8×0　　② 0×5

③ 4×10　　④ 10×9

3 わり算をしましょう。　1つ2点(12点)

① $24 \div 3$　　② $42 \div 7$

③ $0 \div 9$　　④ $80 \div 2$

⑤ $48 \div 4$　　⑥ $64 \div 2$

4 次の計算を筆算でしましょう。　1つ3点(18点)

① $135 + 698$　　② $437 + 65$

③ $5296 + 3849$　　④ $763 - 475$

⑤ $964 - 67$　　⑥ $6085 - 2396$

5 □にあてはまる数をかきましょう。　1つ2点(4点)

① $1分25秒 = \boxed{} 秒$

② $170秒 = \boxed{} 分 \boxed{} 秒$

6 次の時間や時こくをかきましょう。　1つ2点(6点)

① 午前11時10分から午後3時20分までの時間。

$\left(\right)$

② 午前10時40分から2時間50分後の時こく。

$\left(\right)$

③ 午後1時15分から2時間30分前の時こく。

$\left(\right)$

7 次の数を数字でかきましょう。　1つ2点(4点)

① 百万を8こ、十万を2こあわせた数

（　　　　　　　）

② 100000 を 100 こ集めた数

（　　　　　　　）

8 ◯ にあてはまる不等号をかきましょう。　1つ2点(4点)

① 150000 ☐ 100000＋500000

② 65万－15万 ☐ 29万＋11万

9 計算をしましょう。　1つ2点(8点)

① 76×10

② 52×100

③ 90×1000

④ 2680÷10

10 暗算でしましょう。　1つ2点(4点)

① 58＋27　　　② 100－32

11 わり算の答えが正しいものには◯、まちがっているものには正しい答えをかきましょう。　1つ2点(8点)

① 42÷5＝7 あまり 7

（　　　　　　　）

② 36÷6＝5 あまり 6

（　　　　　　　）

③ 40÷7＝5 あまり 5

（　　　　　　　）

④ 28÷3＝8 あまり 4

（　　　　　　　）

12 下の図は、みちるさんの家からから公園を通って、いとこの家までの道のりを表しています。　式・答え1つ3点(12点)

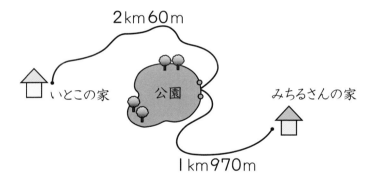

① みちるさんの家からいとこの家までの道のりは何 km 何 m ですか。

式

答え（　　　　　　　）

② みちるさんの家から公園までの道のりといとこの家から公園までの道のりのちがいは何 m ですか。

式

答え（　　　　　　　）

3年 チャレンジテスト②

名前

月　日

時間 40分　ごうかく70点　／100　答え44ページ

1 計算をしましょう。　1つ2点(8点)

① 20×4　② 90×6

③ 300×3　④ 600×7

2 筆算でしましょう。　1つ2点(16点)

① 47×2　② 4×26

③ 542×7　④ 336×3

⑤ 24×25　⑥ 40×56

⑦ 427×63　⑧ 803×27

3 くふうして計算しましょう。　1つ2点(6点)

① 35×2×5

② 70×2×4

③ 38×50×2

4 暗算でしましょう。　1つ2点(4点)

① 43×2　② 260×5

5 はかりの目もりをよみましょう。　1つ3点(6点)

①　②

(　　　　)　(　　　　)

6 □にあてはまる数をかきましょう。　1つ2点(6点)

① 3080 g = □ kg □ g

② 5 kg 20 g = □ g

③ 4030 kg = □ t □ kg

7 計算をしましょう。　　　1つ2点(8点)

① 4 kg 800 g ＋ 2 kg 700 g

② 600 kg ＋ 900 kg

③ 3 kg 200 g － 2 kg 400 g

④ 2 t 600 kg － 700 kg

8 ［　］にあてはまる数をかきましょう。　　　1つ2点(6点)

① 7 dL ＝ ［　　　　　］ L

② 9 mm ＝ ［　　　　　］ cm

③ 2 km 500 m ＝ ［　　　　　］ km

9 筆算でしましょう。　　　1つ2点(12点)

① 2.9 ＋ 3.4　　　② 6.2 ＋ 3.8

③ 4.3 ＋ 7　　　④ 6.2 － 5.4

⑤ 9.6 － 2.6　　　⑥ 8 － 7.2

10 計算をしましょう。　　　1つ2点(12点)

① $\dfrac{2}{6} + \dfrac{3}{6}$　　　② $\dfrac{5}{10} + \dfrac{4}{10}$

③ $\dfrac{1}{3} + \dfrac{2}{3}$　　　④ $\dfrac{6}{9} - \dfrac{4}{9}$

⑤ $\dfrac{9}{10} - \dfrac{7}{10}$　　　⑥ $1 - \dfrac{5}{8}$

11 数の大小をくらべて、［　］にあてはまる等号や不等号をかきましょう。　　　1つ2点(8点)

① $\dfrac{5}{7}$ ［　］ $\dfrac{4}{7}$　　　② 1 ［　］ $\dfrac{9}{9}$

③ 0.1 ［　］ $\dfrac{1}{10}$　　　④ $\dfrac{6}{10}$ ［　］ 0.7

12 ［　］にあてはまる数をかきましょう。　　　1つ2点(8点)

① $(3+5) \times 4 = (\boxed{} \times 4) + (\boxed{} \times 4)$

② $(\boxed{} - \boxed{}) \times 3 = (9 \times 3) - (2 \times 3)$

③ $\boxed{} - 17 = 13$

④ $\boxed{} \div 2 = 24$

丸つけラクラクかいとう

この「丸つけラクラクかいとう」は
とりはずしてお使いください。

全教科書版
計算3年

「丸つけラクラクかいとう」では問題と同じ紙面に、赤字で答えを書いています。

①問題がとけたら、まずは答え合わせをしましょう。

②まちがえた問題やわからなかった問題は、てびきを読んだり、教科書を読み返したりしてもう一度見直しましょう。

🏠 **おうちのかたへ** では、次のようなものを示しています。

・学習のねらいやポイント
・他の学年や他の単元の学習内容とのつながり
・まちがいやすいことやつまずきやすいところ

お子様への説明や、学習内容の把握などにご活用ください。

見やすい答え

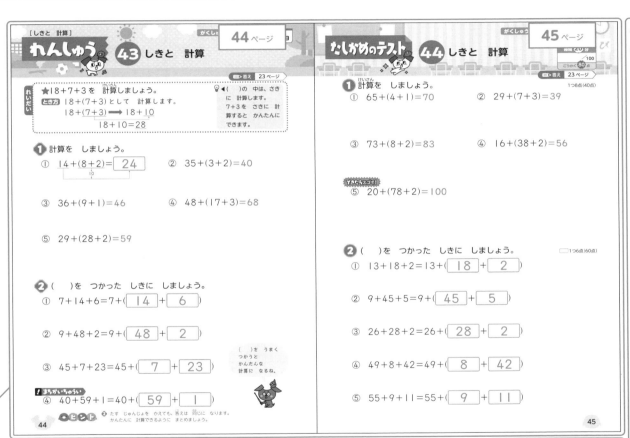

[しきと 計算]

わんしゅう 43 しきと 計算

がくしゅう 44 ページ

答え 23 ページ

★18+7+3を 計算しましょう。

とき方 18+(7+3) として 計算します。
18+(7+3) ➡ 18+10
18+10=28

💡 ( )の中は、さきに 計算します。
7+3を さきに 計算すると かんたんにできます。

1 計算を しましょう。
① 14+(8+2)= 24
② 35+(3+2)=40
③ 36+(9+1)=46
④ 48+(17+3)=68
⑤ 29+(28+2)=59

2 ( )を つかった しきに しましょう。
① 7+14+6=7+(14 + 6)
② 9+48+2=9+(48 + 2)
③ 45+7+23=45+(7 + 23)

( )を うまく つかうと かんたんな 計算に なるね。

! **まちがいちゅうい**
④ 40+59+1=40+(59 + 1)

● ヒント ● **2** たす じゅんじょを かえても、答えは 同じに なります。かんたんに 計算できるように まとめましょう。

44

たしかめのテスト 44 しきと 計算

がくしゅう 45 ページ

時間 くらげ 100 ごうかく 80点

答え 23 ページ

1 計算を しましょう。
1つ8点(40点)
① 65+(4+1)=70
② 29+(7+3)=39
③ 73+(8+2)=83
④ 16+(38+2)=56

できたらスゴイ!
⑤ 20+(78+2)=100

2 ( )を つかった しきに しましょう。
1つ6点(60点)
① 13+18+2=13+(18 + 2)
② 9+45+5=9+(45 + 5)
③ 26+28+2=26+(28 + 2)
④ 49+8+42=49+(8 + 42)
⑤ 55+9+11=55+(9 + 11)

45

おうちのかたへ

🏠 **おうちのかたへ**
計算がしやすくなるように工夫することは、今後の学習でも大切です。

44ページ
1 ( )の中をさきに計算します。
②3+2をさきに計算すると、3+2=5
35に5をたして、35+5=40
⑤28+2をさきに計算すると、28+2=30
29に30をたして、29+30=59
2 ( )の中を、何十になるようにすると、あとの計算がかんたんになります。
④59+1をさきに計算すると、あとの計算は40+60でできるようになります。

45ページ
1 ⑤78+2をさきに計算すると、78+2=80
20に80をたして、20+80=100
2 ④8+42をさきに計算すると、あとの計算は49+50でできるようになります。

くわしいてびき

※紙面はイメージです。

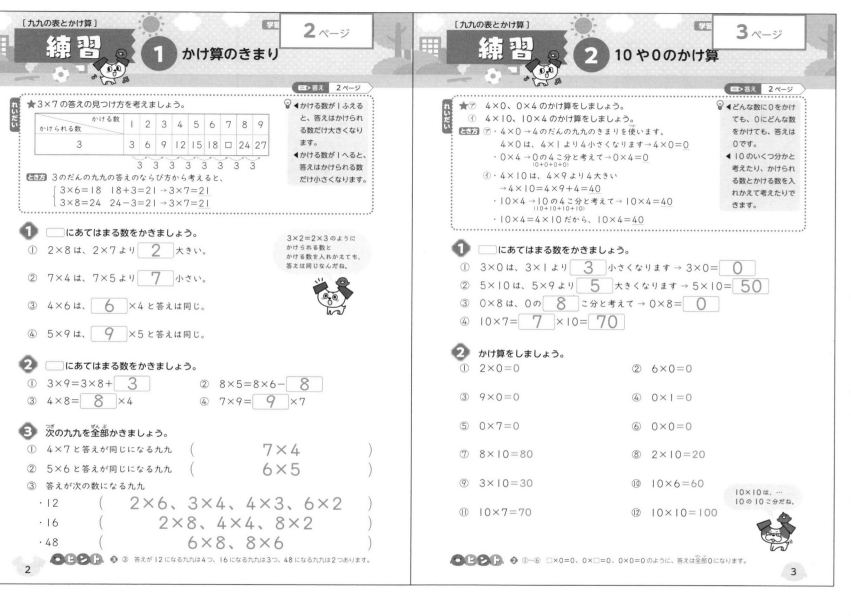

練習 ① かけ算のきまり

答え 2ページ

れいだい ★3×7の答えの見つけ方を考えましょう。

かける数	1	2	3	4	5	6	7	8	9
かけられる数 3	3	6	9	12	15	18	□	24	27

+3 +3 +3 +3 +3 +3 +3 +3

とき方 3のだんの九九の答えのならび方から考えると、
3×6=18　18+3=21 → 3×7=21
3×8=24　24−3=21 → 3×7=21

💡 ▶かける数が1ふえると、答えはかけられる数だけ大きくなります。
◀かける数が1へると、答えはかけられる数だけ小さくなります。

❶ □にあてはまる数をかきましょう。
① 2×8は、2×7より **2** 大きい。
② 7×4は、7×5より **7** 小さい。
③ 4×6は、 **6** ×4と答えは同じ。
④ 5×9は、 **9** ×5と答えは同じ。

3×2=2×3のようにかけられる数とかける数を入れかえても、答えは同じなんだね。

❷ □にあてはまる数をかきましょう。
① 3×9=3×8+ **3**
② 8×5=8×6− **8**
③ 4×8= **8** ×4
④ 7×9= **9** ×7

❸ 次の九九を全部かきましょう。
① 4×7と答えが同じになる九九　（　7×4　）
② 5×6と答えが同じになる九九　（　6×5　）
③ 答えが次の数になる九九
・12　（　2×6、3×4、4×3、6×2　）
・16　（　2×8、4×4、8×2　）
・48　（　6×8、8×6　）

ヒント ❸ ③ 答えが12になる九九は4つ、16になる九九は3つ、48になる九九は2つあります。

2

練習 ② 10や0のかけ算

答え 2ページ

れいだい ★⑦ 4×0、0×4のかけ算をしましょう。
① 4×10、10×4のかけ算をしましょう。

とき方 ⑦・4×0→4のだんの九九のきまりを使います。
4×0は、4×1より4小さくなります→4×0=0
・0×4→0の4こ分と考えて→0×4=0
　　　　(0+0+0+0)

① ・4×10は、4×9より4大きい
→4×10=4×9+4=40
・10×4は10の4こ分と考えて→10×4=40
　　(10+10+10+10)
・10×4=4×10だから、10×4=40

💡 ◀どんな数に0をかけても、0にどんな数をかけても、答えは0です。
◀10のいくつ分かと考えたり、かけられる数とかける数を入れかえて考えたりできます。

❶ □にあてはまる数をかきましょう。
① 3×0は、3×1より **3** 小さくなります → 3×0= **0**
② 5×10は、5×9より **5** 大きくなります → 5×10= **50**
③ 0×8は、0の **8** こ分と考えて → 0×8= **0**
④ 10×7= **7** ×10= **70**

❷ かけ算をしましょう。
① 2×0=0
② 6×0=0
③ 9×0=0
④ 0×1=0
⑤ 0×7=0
⑥ 0×0=0
⑦ 8×10=80
⑧ 2×10=20
⑨ 3×10=30
⑩ 10×6=60
⑪ 10×7=70
⑫ 10×10=100

10×10は、…10の10こ分だね。

ヒント ❷ ①〜⑥ □×0=0、0×□=0、0×0=0のように、答えは全部0になります。

3

2ページ

❶ ①かけ算では、かける数が1ふえると、答えはかけられる数だけ大きくなります。
②かけ算では、かける数が1へると、答えはかけられる数だけ小さくなります。

❷ ①3×9=27、3×8=24だから、3×8に3をたします。

❸ かけ算では、かけられる数とかける数を入れかえても答えは同じになることから考えます。

3ページ

❶ ①、③どんな数に0をかけても、0にどんな数をかけても、答えは0です。

❷ ⑦〜⑨かける数が10のかけ算の答えは、かけられる数のうしろに0を1つつけた数になります。

🏠 **おうちのかたへ**
かけ算のきまりを理解することは、この後学習する内容に役立ちます。

練習 3 かけ算を使って

学習 **4**ページ

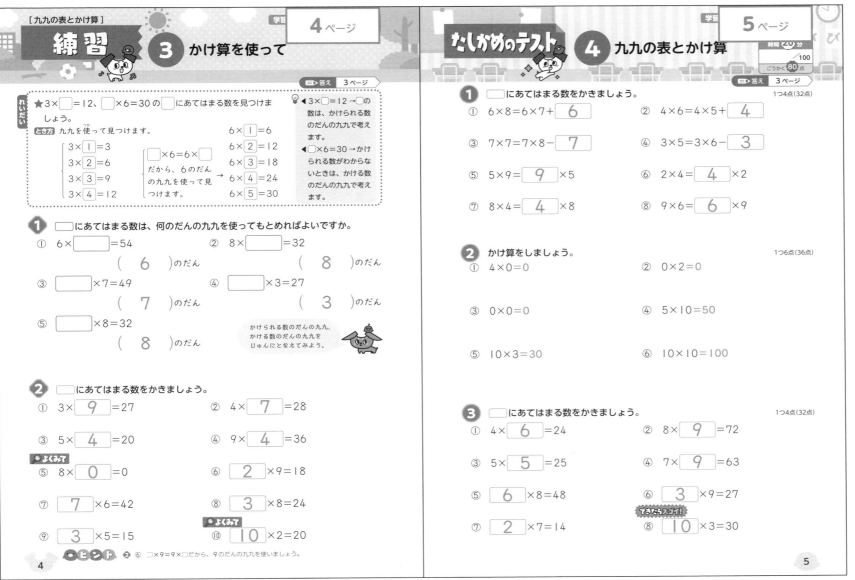

答え 3ページ

れいだい ★3×□=12、□×6=30の□にあてはまる数を見つけましょう。

とき方 九九を使って見つけます。

$\begin{cases} 3×\boxed{1}=3 \\ 3×\boxed{2}=6 \\ 3×\boxed{3}=9 \\ 3×\boxed{4}=12 \end{cases}$ $\boxed{}×6=6×\boxed{}$ だから、6のだんの九九を使って見つけます。

6×\boxed{1}=6
6×\boxed{2}=12
6×\boxed{3}=18
6×\boxed{4}=24
6×\boxed{5}=30

◀3×□=12→□の数は、かけられる数のだんの九九で考えます。

◀□×6=30→かけられる数がわからないときは、かける数のだんの九九で考えます。

❶ □にあてはまる数は、何のだんの九九を使ってもとめればよいですか。

① 6×□=54 (6)のだん
② 8×□=32 (8)のだん
③ □×7=49 (7)のだん
④ □×3=27 (3)のだん
⑤ □×8=32 (8)のだん

かけられる数のだんの九九、かける数のだんの九九をじゅんにとなえてみよう。

❷ □にあてはまる数をかきましょう。

① 3×\boxed{9}=27
② 4×\boxed{7}=28
③ 5×\boxed{4}=20
④ 9×\boxed{4}=36

●よくみて
⑤ 8×\boxed{0}=0
⑥ \boxed{2}×9=18
⑦ \boxed{7}×6=42
⑧ \boxed{3}×8=24

●よくみて
⑨ \boxed{3}×5=15
⑩ \boxed{10}×2=20

ヒント ❷ ⑥ □×9=9×□だから、9のだんの九九を使いましょう。

4

たしかめのテスト 4 九九の表とかけ算

学習 **5**ページ

時間 20分 /100 ごうかく80点

答え 3ページ

❶ □にあてはまる数をかきましょう。 1つ4点(32点)

① 6×8=6×7+\boxed{6}
② 4×6=4×5+\boxed{4}
③ 7×7=7×8−\boxed{7}
④ 3×5=3×6−\boxed{3}
⑤ 5×9=\boxed{9}×5
⑥ 2×4=\boxed{4}×2
⑦ 8×4=\boxed{4}×8
⑧ 9×6=\boxed{6}×9

❷ かけ算をしましょう。 1つ6点(36点)

① 4×0=0
② 0×2=0
③ 0×0=0
④ 5×10=50
⑤ 10×3=30
⑥ 10×10=100

❸ □にあてはまる数をかきましょう。 1つ4点(32点)

① 4×\boxed{6}=24
② 8×\boxed{9}=72
③ 5×\boxed{5}=25
④ 7×\boxed{9}=63
⑤ \boxed{6}×8=48
⑥ \boxed{3}×9=27

できたらスゴイ！

⑦ \boxed{2}×7=14
⑧ \boxed{10}×3=30

5

4ページ

❶ □にあてはまる数は、かけられる数のだんの九九、または、かける数のだんの九九を使って見つけます。

❷ ⑩2×□=20と考えてあてはまる数を見つけましょう。

5ページ

❶ ①、②かける数が1ふえると、答えはかけられる数だけ大きくなることから考えます。

③、④かける数が1へると、答えはかけられる数だけ小さくなることから考えます。

⑤〜⑧かけられる数とかける数を入れかえても、答えは同じになることから考えます。

❷ ⑥10×10は、10が10こ分だから、100になります。

❸ ⑤〜⑦かける数のだんの九九を使って考えます。

⑧3×□=30と考えてあてはまる数を見つけましょう。

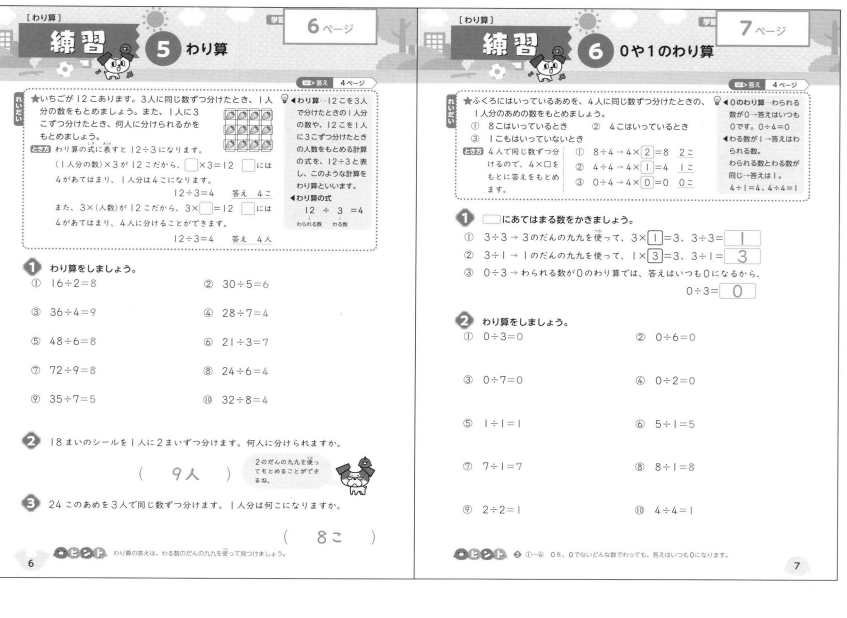

れいだい

★いちごが 12 こあります。3人に同じ数ずつ分けたとき、1人分の数をもとめましょう。また、1人に3こずつ分けたとき、何人に分けられるかをもとめましょう。

とき方 わり算の式に表すと 12÷3 になります。

（1人分の数）×3 が 12 こだから、□×3=12 □には 4 があてはまり、1人分は 4 こになります。

12÷3=4　答え 4 こ

また、3×（人数）が 12 こだから、3×□=12 □には 4 があてはまり、4人に分けることができます。

12÷3=4　答え 4 人

💡**◀わり算…**12 こを3人で分けたときの1人分の数や、12 こを1人に3こずつ分けたときの人数をもとめる計算の式を、12÷3と表し、このような計算をわり算といいます。

◀わり算の式
12 ÷ 3 ＝4
わられる数　わる数

1 わり算をしましょう。

① 16÷2=8　　　　② 30÷5=6

③ 36÷4=9　　　　④ 28÷7=4

⑤ 48÷6=8　　　　⑥ 21÷3=7

⑦ 72÷9=8　　　　⑧ 24÷6=4

⑨ 35÷7=5　　　　⑩ 32÷8=4

2 18 まいのシールを1人に2まいずつ分けます。何人に分けられますか。

（　9人　）

2のだんの九九を使ってもとめることができるね。

3 24 このあめを3人で同じ数ずつ分けます。1人分は何こになりますか。

（　8こ　）

●ヒント● わり算の答えは、わる数のだんの九九を使って見つけましょう。

6

れいだい

★ふくろにはいっているあめを、4人に同じ数ずつ分けたときの、1人分のあめの数をもとめましょう。

①　8こはいっているとき　　②　4こはいっているとき

③　1こもはいっていないとき

とき方 4人で同じ数ずつ分けるので、4×□をもとに答えをもとめます。

① 8÷4 → 4×2=8　2こ
② 4÷4 → 4×1=4　1こ
③ 0÷4 → 4×0=0　0こ

💡**◀0のわり算…**わられる数が0→答えはいつも0です。0÷4=0

◀わる数が1→答えはわられる数。
わられる数とわる数が同じ→答えは1。
4÷1=4、4÷4=1

1 □にあてはまる数をかきましょう。

① 3÷3 → 3のだんの九九を使って、3×1=3、3÷3= 1

② 3÷1 → 1のだんの九九を使って、1×3=3、3÷1= 3

③ 0÷3 → わられる数が0のわり算では、答えはいつも0になるから、
0÷3= 0

2 わり算をしましょう。

① 0÷3=0　　　　② 0÷6=0

③ 0÷7=0　　　　④ 0÷2=0

⑤ 1÷1=1　　　　⑥ 5÷1=5

⑦ 7÷1=7　　　　⑧ 8÷1=8

⑨ 2÷2=1　　　　⑩ 4÷4=1

●ヒント● **2** ①〜④ 0を、0でないどんな数でわっても、答えはいつも0になります。

7

6ページ

1 わり算の答えは、わる数のだんの九九を使ってももとめます。

2 18 まいを2まいずつ分けるから、式は 18÷2 になります。

18÷2=9

3 24 こを3人で分けるので、1人分は 24÷3 になります。

24÷3=8

7ページ

1 ①わられる数とわる数が同じわり算では、答えはいつも1になります。

②わる数が1のわり算では、答えはわられる数と同じになります。

③わられる数が0のわり算では、答えはいつも0になります。

2 ①〜④は、わられる数が0であること、⑤〜⑧は、わる数が1であること、⑨、⑩は、わられる数とわる数が同じであることに目をつけて計算します。

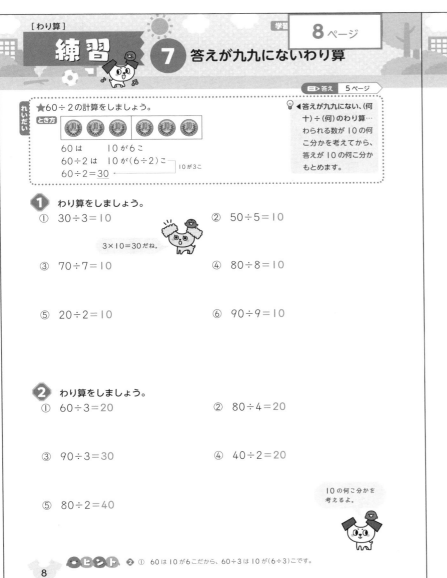

左ページ（8ページ）

[わり算]

練習 7 答えが九九にないわり算

学習 **8** ページ

答え 5ページ

れいだい

★60÷2の計算をしましょう。

とき方

60は　　10が6こ
60÷2は　10が(6÷2)こ ← 10が3こ
60÷2=30

▼答えが九九にない、(何十)÷(何)のわり算…わられる数が10の何こ分かを考えてから、答えが10の何こ分かもとめます。

1 わり算をしましょう。
① 30÷3=10
② 50÷5=10

3×10=30だね。

③ 70÷7=10
④ 80÷8=10

⑤ 20÷2=10
⑥ 90÷9=10

2 わり算をしましょう。
① 60÷3=20
② 80÷4=20

③ 90÷3=30
④ 40÷2=20

⑤ 80÷2=40

10の何こ分かを考えるよ。

●ヒント **2** ① 60は10が6こだから、60÷3は10が(6÷3)こです。

8

中ページ（9ページ）

[わり算]

練習 8 答えが10をこえるわり算

学習 **9** ページ

答え 5ページ

れいだい

★48÷4の計算をしましょう。

とき方　48は 40と8
40÷4は　10
8÷4は　　2
あわせると、10+2=12
48÷4=12

▼わられる数を、わる数の九九にある2つの数に分けて計算してから、それぞれの答えをたします。

1 46÷2の計算のしかたを次のように考えました。□にあてはまる数をかきましょう。

46は　　40と [6]
40÷2は　[20]
6÷2は　　[3]
あわせると、[20]+[3]=[23]
46÷2=[23]

46は、40と6に分けられるね。それぞれの数を2でわってみよう。

2 わり算をしましょう。
① 28÷2=14
② 36÷3=12

③ 44÷2=22
④ 88÷4=22

⑤ 63÷3=21
⑥ 62÷2=31

⑦ 93÷3=31
⑧ 84÷4=21

●ヒント **2** 答えが九九にない(何十何)÷(何)のわり算は、わられる数を何十といくつに分けて考えましょう。

9

右マージン（解答）

8ページ

1 答えが九九にない、(何十)÷(何)のわり算
← 同じ数 →
では、答えはいつも10になります。
①3×10=30だから、30÷3=10です。
②5×10=50だから、50÷5=10です。

2 10の何こ分かを考えて答えをもとめます。
①60は、10が6こだから、60÷3は、10が(6÷3)こと考えます。
②80は、10が8こだから、80÷4は、10が(8÷4)こと考えます。

9ページ

1 わられる数を何十といくつに分けて計算し、それぞれの答えをたします。

2 わられる数を何十といくつに分けて考えます。
①28は、20と8に分けて考えます。
20÷2=10、
8÷2=4より、
10+4=14

5

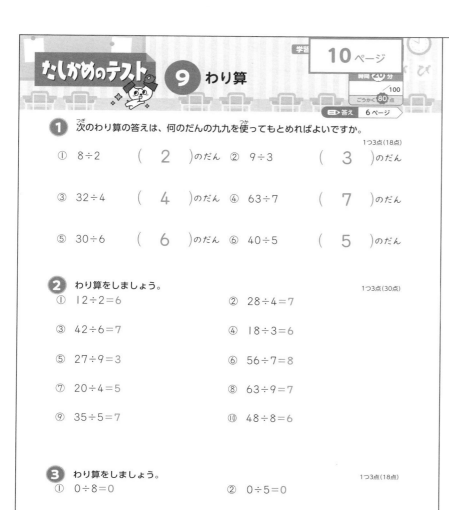

学習　**10**ページ

時間 **10** 分　ごうかく **80** 点　100

答え 6ページ

1 次のわり算の答えは、何のだんの九九を使ってもとめればよいですか。

1つ3点(18点)

① 8÷2　（ 2 ）のだん　② 9÷3　（ 3 ）のだん

③ 32÷4　（ 4 ）のだん　④ 63÷7　（ 7 ）のだん

⑤ 30÷6　（ 6 ）のだん　⑥ 40÷5　（ 5 ）のだん

2 わり算をしましょう。

1つ3点(30点)

① 12÷2＝6　② 28÷4＝7

③ 42÷6＝7　④ 18÷3＝6

⑤ 27÷9＝3　⑥ 56÷7＝8

⑦ 20÷4＝5　⑧ 63÷9＝7

⑨ 35÷5＝7　⑩ 48÷8＝6

3 わり算をしましょう。

1つ3点(18点)

① 0÷8＝0　② 0÷5＝0

③ 6÷1＝6　④ 4÷1＝4

⑤ 7÷7＝1　⑥ 9÷9＝1

4 右の図のようにチョコレートがあります。6人で同じ数ずつ分けると、1人分は何こになりますか。　式・答え 1つ4点(8点)

式　9×4＝36

　　36÷6＝6

チョコレート

答え（ 6こ ）

5 わり算をしましょう。

1つ3点(18点)

① 40÷4＝10　② 60÷2＝30

③ 39÷3＝13　④ 44÷4＝11

⑤ 82÷2＝41　⑥ 69÷3＝23

6 1ふくろ3こ入りのあめが、96円で売っています。あめ1こ分は何円になりますか。　式・答え 1つ4点(8点)

式　96÷3＝32

96円

答え（ 32円 ）

10ページ

3 ①、②わられる数が0だから、答えは0になります。

③、④わる数が1だから、答えはわられる数と同じになります。

11ページ

4 はじめに、全部のチョコレートの数をもとめます。9こが4れつ分だから、9×4＝36で、36こです。これを6人に同じ数ずつ分けるから、36÷6＝6という式に表せます。

5 ③39は、30と9に分けて考えます。

30÷3＝10、

9÷3＝3より、

10＋3＝13

6 （代金）÷（こ数）＝（1こ分のねだん）でもとめられます。

おうちのかたへ

わり算の答えは、わる数のだんの九九を使ってもとめます。九九がしっかり身についていないときは、何度も練習して確実にできるようにしてください。

答え　7ページ

れいだい
★259+126 を筆算でしましょう。

とき方　くり上がりが1回あります。次のじゅんじょで計算します。

```
     1 ←くり上げた数
   259
 + 126
 ─────
   385 ←②9+6
       ③1+5+2
       ④2+1
```

① 位をたてにそろえてかきます。
② 一の位をたします。
③ 十の位をたします。
④ 百の位をたします。

1 327+254 の筆算で、□にあてはまる数をかきましょう。

```
     1 ←くり上げた数
   327          327          327
 + 254    ➡   + 254    ➡   + 254
 ─────        ─────        ─────
    [1]         [8][1]      [5][8]1
   7+4         1+2+5        3+2
```

2 次のたし算で、□にあてはまる数をかきましょう。

① 239　② 476　③ 608
　+534　　+362　　+209
　─────　　─────　　─────
　7[7]3　[8]38　[8]1[7]

くり上がった1をたすのを、わすれないようにしよう。

3 たし算をしましょう。

① 216　② 645　③ 573　④ 925
　+379　　+229　　+163　　+ 38
　─────　　─────　　─────　　─────
　595　　874　　736　　963

4 次のたし算を筆算でしましょう。

① 129+434
129
+434
─────
563

② 354+591
354
+591
─────
945

＋−計算に強くなる！×÷
(3けた)+(3けた)の筆算では、くり上がった1をわすれることが多いよ。かならずかいておくようにしよう。

●ヒント　**2** ③ 十の位の計算は、1+0+0、百の位の計算は、6+2です。

12

答え　7ページ

れいだい
★246+185 を筆算でしましょう。

とき方　くり上がりが2回あります。次のじゅんじょで計算します。

```
   1 1 ←くり上げた数
   246
 + 185
 ─────
   431 ←②6+5
       ③1+4+8
       ④1+2+1
```

① 位をたてにそろえてかきます。
② 一の位をたします。
③ 十の位をたします。
④ 百の位をたします。

1 375+469 の筆算で、□にあてはまる数をかきましょう。

```
     1 ←くり上げた数   1 1          1 1
   375          375          375
 + 469    ➡   + 469    ➡   + 469
 ─────        ─────        ─────
    [4]         [4][4]      [8][4]4
   5+9         1+7+6        1+3+4
```

2 次のたし算で、□にあてはまる数をかきましょう。

① 312　② 736　③ 924
　+488　　+489　　+ 76
　─────　　─────　　─────
　[8]00　[1][2]25　[1][0]00

くり上がりが3回のときも、2回のときと同じように計算できるよ。

3 たし算をしましょう。

① 563　② 352　③ 866　④ 907
　+288　　+ 49　　+598　　+ 93
　─────　　─────　　─────　　─────
　851　　401　　1464　　1000

4 次のたし算を筆算でしましょう。

① 186+257
186
+257
─────
443

② 568+754
568
+754
─────
1322

●ヒント　**4** ① 一の位の計算は、6+7、十の位の計算は、1+8+5、百の位の計算は、1+1+2 です。

13

12ページ

1 一の位からじゅんに計算します。くり上がった1をたすのをわすれないように、小さくかいておきましょう。

2 ③一の位は、8+9=17 で、十の位に1くり上がります。十の位は、1+0+0=1、百の位は、6+2=8 です。

13ページ

1 くり上がりが何回あっても、計算のしかたは、同じです。

2 ②一の位は、6+9=15 で、十の位に1くり上がります。十の位は、1+3+8=12 で、百の位に1くり上がります。百の位は、1+7+4=12 で、くり上がった1は、千の位を表しています。

3 ②十の位は、くり上がった1をたして10になります。十の位に0をかくのをわすれないようにしましょう。

答え 8ページ

れいだい ★372−226 を筆算でしましょう。

とき方 くり下がりが1回あります。次のじゅんじょで計算します。

```
  6
 3 7̸ 2   ……一の位へ1
−2 2 6    くり下げたので6
─────
 1 4 6   ……②12−6
         ③6−2
         ④3−2
```

① 位をたてにそろえてかきます。
② 一の位をひきます。
③ 十の位をひきます。
④ 百の位をひきます。

💡 くり下がりが1回ある（3けた）−（3けた）の筆算…（2けた）−（2けた）のときと同じように、位をたてにそろえて一の位からじゅんに計算します。

1 491−364 の筆算で、□にあてはまる数をかきましょう。

```
    8 ←くり下げたあとの数         8              8
  4 9̸ 1          4 9̸ 1          4 9̸ 1
− 3 6 4   →    − 3 6 4   →    − 3 6 4
─────          ─────          ─────
    [7]           [2] 7         [1] 2 7
   11−4          8−6           4−3
```

2 次のひき算で、□にあてはまる数をかきましょう。

① 852−239＝61[3]
② 591−143＝4[4]8
③ 612−409＝[2]03

十の位から1くり下げるよ。

3 ひき算をしましょう。

① 795−248＝547
② 552−328＝224
③ 360−56＝304
④ 430−307＝123

4 次のひき算を筆算でしましょう。

① 774−346
```
 7 7 4
−3 4 6
─────
 4 2 8
```

② 612−307
```
 6 1 2
−3 0 7
─────
 3 0 5
```

●ヒント **2** ③ 一の位の計算は、12−9、十の位の計算は、0−0、百の位の計算は6−4です。

14

答え 8ページ

れいだい ★425−167 を筆算でしましょう。

とき方 くり下がりが2回あります。次のじゅんじょで計算します。

```
  3 1
 4̸ 2̸ 5   ……一の位へ1
−1 6 7    くり下げたので1
─────
 2 5 8   ……②15−7
         ③11−6
         ④3−1
```

① 位をたてにそろえてかきます。
② 一の位をひきます。
③ 十の位をひきます。
④ 百の位をひきます。

💡 くり下がりが2回ある（3けた）−（3けた）の筆算…すぐ上の位からくり下げられないときは、もうひとつ上の位からくり下げて計算します。

1 453−286 の筆算で、□にあてはまる数をかきましょう。

```
  4 ←くり下げたあとの数      3 4            3 4
 4 5̸ 3          4̸ 5̸ 3          4̸ 5̸ 3
−2 8 6   →    −2 8 6   →    −2 8 6
─────          ─────          ─────
    [7]           [6] 7         [1] 6 7
   13−6          14−8          3−2
```

2 次のひき算で、□にあてはまる数をかきましょう。

① 742−598＝1[4]4
② 818−749＝[6]9
③ 600−37＝[5]63

よくみて

3 ひき算をしましょう。

① 425−198＝227
② 630−548＝82
③ 720−56＝664
④ 1003−395＝608

ひかれる数が4けたになっても、一の位からじゅんに計算しよう。

4 次のひき算を筆算でしましょう。

① 342−165
```
 3 4 2
−1 6 5
─────
 1 7 7
```

② 567−498
```
 5 6 7
−4 9 8
─────
   6 9
```

＋−計算に強くなる！×÷
1くり下げたあとの数は、わすれないようにかいておこう。

●ヒント **2** ③ 一、十の位の数が0でひけないときは、百の位からくり下げます。十の位の計算は、9−3です。

15

14ページ

1 一の位からじゅんに計算します。1くり下げたあとの数は、かきなおしておきましょう。

2 ③一の位は、十の位から1くり下げて、12−9＝3です。十の位は1くり下げたから、0−0＝0になり、十の位に0をかきます。百の位は、6−4＝2です。

3 ③一の位は、十の位から1くり下げて、10−6＝4です。十の位は、1くり下げて、5−5＝0になるから、十の位に0をかきます。

15ページ

1 くり下がりが何回あっても、計算のしかたは、同じです。

3 ④一の位は、13−5＝8、十の位は、9−9＝0、百の位は、9−3＝6です。

練習 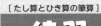 ⑭ 4けたの数のたし算とひき算の筆算

答え 9ページ

れいだい
★① 2259+3467 ② 7823-4189 を筆算でしましょう。

💡 ◀(4けた)＋(4けた)の筆算、(4けた)－(4けた)の筆算…数が大きくなっても、一の位からじゅんに計算します。

とき方
```
① | | |     ← くり上げた数
    2259
  +3467
   5726    ①9+7
          ②1+5+6
          ③1+2+4
          ④2+3
```
```
② 7 | |     ← くり下げた数
    7823
  -4189
   3634    ①13-9
          ②11-8
          ③7-1
          ④7-4
```

❶ 次の計算で、□にあてはまる数をかきましょう。
```
①     | |
     1594
   +5728
   ７3２2
```
```
②    7 | |
     8226
   -6487
    | 739
```
くり上げた数やくり下げたあとの数は、わすれないようにかいておこう。

❷ 計算をしましょう。
```
①  5669      ②  2381      ③  6145      ！まちがい注意
  +1373        +  49        -2986      ④  4470
   7042         2430         3159        -  78
                                          4392
```

❸ 次の計算を筆算でしましょう。
```
① 2286+2458        ② 3563+769
    2286              3563
   +2458             + 769
    4744              4332
```
```
③ 8923-5489        ④ 2130-735
    8923              2130
   -5489             - 735
    3434              1395
```

ヒント 十、百、千の位にくり上がる数、千、百、十の位からくり下がる数に注意しながら、一の位からじゅんに計算しましょう。

16

たしかめのテスト ⑮ たし算とひき算の筆算

時間 ②分
ごうかく 80点 / 100

答え 9ページ

❶ 計算をしましょう。　　　　　1つ6点(30点)
```
①  236       ②  815       ③  488
  +347         +166         +297
   583          981          785
```
```
④  528       ⑤  618
  +785         +382
  1313         1000
```

❷ 次の計算を筆算でしましょう。　　　1つ6点(30点)
```
① 752-514     ② 328-165     ③ 421-234
    752           328           421
   -514          -165          -234
    238           163           187
```
```
④ 804-426     ⑤ 400-89
    804           400
   -426          - 89
    378           311
```

❸ 計算をしましょう。　　　　　1つ8点(24点)
```
①  3657      ②  2596      ③  8231
  +3384        + 814        -6755
   7041         3410         1476
```

❹ 次の計算を筆算でしましょう。　できたらスゴイ！　1つ8点(16点)
```
① 6012-725              ② 5006-38
    6012                   5006
  - 725                  -  38
    5287                   4968
```

17

16ページ

❶ 4けたのたし算とひき算も、一の位からじゅんに、同じように計算していきます。

❷ ④一の位は、十の位から1くり下げて、10-8=2 です。十の位は、1くり下げて、7が6になったから、百の位から1くり下げて、16-7=9、百の位は、4が3になったから3をかき、千の位は4をそのままかきます。

❸ 位をたてにそろえてかきましょう。

17ページ

❷ ④一の位は、十の位から1くり下げて、14-6=8 です。十の位は、1くり下げて、10が9になったから、9-2=7、百の位は、1くり下げて、8が7になったから、7-4=3 です。

🏠 **おうちのかたへ**
たし算やひき算の筆算では、位をたてにそろえてかいているか見てあげてください。位がずれていると、計算まちがいにつながります。

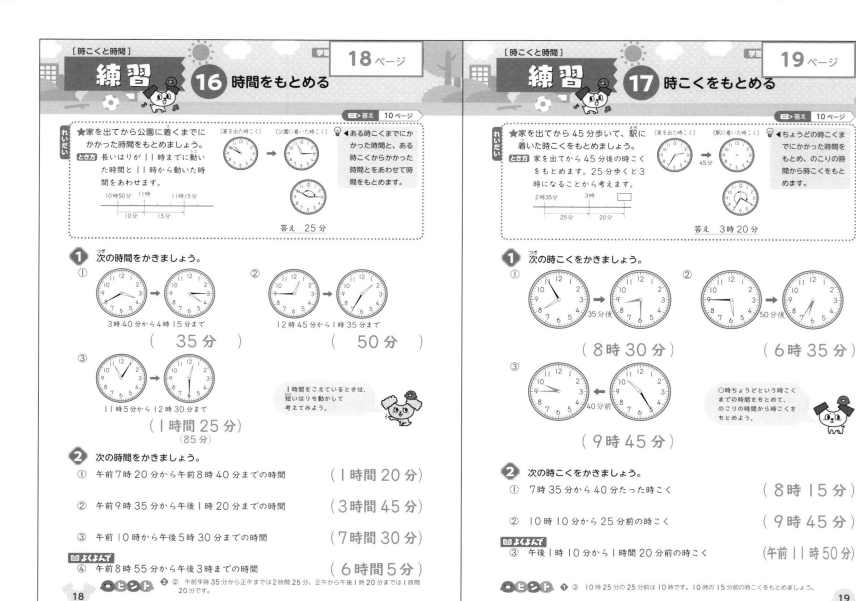

[時こくと時間]
練習 16 時間をもとめる
学習 18ページ

[時こくと時間]
練習 17 時こくをもとめる
学習 19ページ

れいだい

★家を出てから公園に着くまでにかかった時間をもとめましょう。

〈家を出た時こく〉 → 〈公園に着いた時こく〉

💡 ある時こくまでにかかった時間と、ある時こくからかかった時間とをあわせて時間をもとめます。

とき方 長いはりが11時までに動いた時間と11時から動いた時間をあわせます。

10時50分　11時　11時15分
10分　15分

答え　25分

1 次の時間をかきましょう。

① 3時40分から4時15分まで
（　35分　）

② 12時45分から1時35分まで
（　50分　）

③ 11時5分から12時30分まで
（　1時間25分　）
（85分）

1時間をこえているときは、短いはりも動かして考えてみよう。

2 次の時間をかきましょう。

① 午前7時20分から午前8時40分までの時間
（1時間20分）

② 午前9時35分から午後1時20分までの時間
（3時間45分）

③ 午前10時から午後5時30分までの時間
（7時間30分）

📖よくよんで
④ 午前8時55分から午後3時までの時間
（6時間5分）

●ヒント **2** ② 午前9時35分から正午までは2時間25分、正午から午後1時20分までは1時間20分です。

18

れいだい

★家を出てから45分歩いて、駅に着いた時こくをもとめましょう。

〈家を出た時こく〉 → 〈駅に着いた時こく〉
45分

💡 ちょうどの時こくまでにかかった時間をもとめ、のこりの時間から時こくをもとめます。

とき方 家を出てから45分後の時こくをもとめます。25分歩くと3時になることから考えます。

2時35分　3時　□
25分　20分

答え　3時20分

1 次の時こくをかきましょう。

① 35分後
（　8時30分　）

② 50分後
（　6時35分　）

③ 40分前
（　9時45分　）

○時ちょうどという時こくまでの時間をもとめて、のこりの時間から時こくをもとめよう。

2 次の時こくをかきましょう。

① 7時35分から40分たった時こく
（　8時15分　）

② 10時10分から25分前の時こく
（　9時45分　）

📖よくよんで
③ 午後1時10分から1時間20分前の時こく
（午前11時50分）

●ヒント **1** ③ 10時25分の25分前は10時です。10時の15分前の時こくをもとめましょう。

19

18ページ

1 ①4時までの時間をもとめて、のこりの時間をたします。

20分＋15分＝35分

③12時までの時間をもとめて、のこりの時間をたします。

55分＋30分＝85分
＝1時間25分

2 ④正午までの時間をもとめて、のこりの時間をたします。

3時間5分＋3時間
＝6時間5分

19ページ

1 ①7時55分の5分後は8時、その30分後だから、8時30分です。

2 ③午後1時10分の10分前は午後1時、午後1時の1時間前が正午、その10分前だから、午前11時50分です。

★ストップウオッチの時間をよみましょう。

とき方 ストップウオッチの文字ばんの1目もりは1秒です。

答え 15秒

◀1分より短い時間を表すたんいを秒といいます。
1分＝60秒です。

➊ 次のストップウオッチの時間をかきましょう。

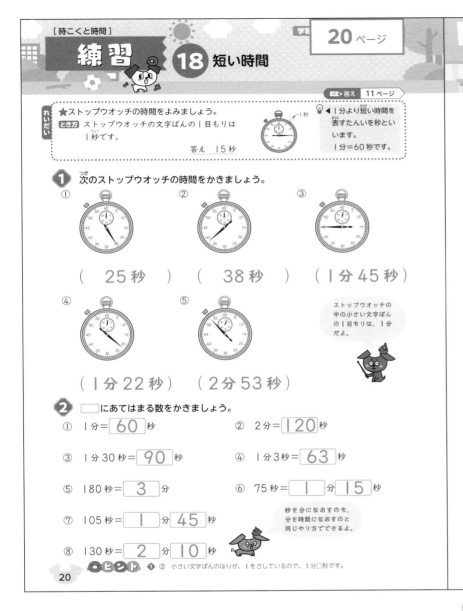

① （ 25秒 ） ② （ 38秒 ） ③ （ 1分45秒 ）

④ （ 1分22秒 ） ⑤ （ 2分53秒 ）

ストップウオッチの中の小さい文字ばんの1目もりは、1分だよ。

➋ ◻にあてはまる数をかきましょう。

① 1分＝ 60 秒

② 2分＝ 120 秒

③ 1分30秒＝ 90 秒

④ 1分3秒＝ 63 秒

⑤ 180秒＝ 3 分

⑥ 75秒＝ 1 分 15 秒

⑦ 105秒＝ 1 分 45 秒

⑧ 130秒＝ 2 分 10 秒

秒を分になおすのも、分を時間になおすのと同じやり方でできるよ。

ヒント ➊③ 小さい文字ばんのはりが、1をさしているので、1分◻秒です。

➊ ◻にあてはまる時間のたんいをかきましょう。 1つ8点(24点)

① 50m走るのにかかる時間…… 12 秒

② 昼休みの時間…………… 1 時間

③ ごはんを食べる時間………… 45 分

➋ 次の時間をかきましょう。 1つ9点(36点)

① 午前9時40分から午前10時25分までの時間 （ 45分 ）

② 午後1時25分から午後2時20分までの時間 （ 55分 ）

③ 午前8時から午後2時18分までの時間 （ 6時間18分 ）

④ 午後3時55分から午後6時5分までの時間 （ 2時間10分 ）

➌ 次の時こくをかきましょう。 1つ8点(40点)

① 午後10時40分から35分たった時こく （午後11時15分）

② 午前9時40分から45分たった時こく （午前10時25分）

③ 午前8時15分から6時間30分たった時こく （ 午後2時45分 ）

④ 午後5時25分から30分前の時こく （ 午後4時55分 ）

できたらスゴイ!
⑤ 午後2時5分から3時間50分前の時こく （ 午前10時15分 ）

20 ページ

➊ ③小さい文字ばんのはりが1をさしていて、これは、1分を表します。1分と45秒で、1分45秒です。

⑤小さい文字ばんのはりが2をさしていて、これは、2分を表します。2分と53秒で、2分53秒です。

➋ 1分＝60秒をもとに考えます。

⑧130秒＝60秒＋60秒＋10秒
＝2分10秒

21 ページ

➊ ①1分より短い時間を表すときに使う時間のたんいは秒です。

➋ ③午前8時から正午までは4時間、正午から午後2時18分までは2時間18分、あわせて、4時間＋2時間18分＝6時間18分です。

➌ ⑤午後2時5分の5分前は午後2時、午後2時の3時間前は午前11時、その45分前は午前10時15分です。

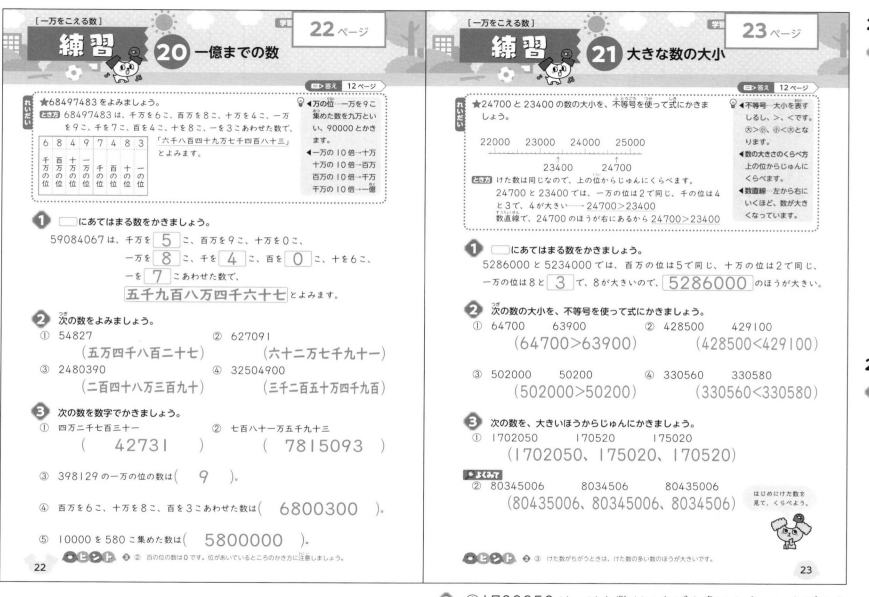

⇨答え　12ページ

れいだい ★68497483 をよみましょう。

とき方 68497483 は、千万を6こ、百万を8こ、十万を4こ、一万を9こ、千を7こ、百を4こ、十を8こ、一を3こあわせた数で、

6	8	4	9	7	4	8	3
千万の位	百万の位	十万の位	一万の位	千の位	百の位	十の位	一の位

「六千八百四十九万七千四百八十三」とよみます。

◀万の位…一万を9こ集めた数を九万といい、90000とかきます。

◀一万の10倍→十万
十万の10倍→百万
百万の10倍→千万
千万の10倍→一億

① □にあてはまる数をかきましょう。
59084067 は、千万を 5 こ、百万を9こ、十万を0こ、一万を 8 こ、千を 4 こ、百を 0 こ、十を6こ、一を 7 こあわせた数で、五千九百八万四千六十七 とよみます。

② 次の数をよみましょう。
① 54827　　　　　　② 627091
（五万四千八百二十七）　（六十二万七千九十一）
③ 2480390　　　　　④ 32504900
（二百四十八万三百九十）　（三千二百五十万四千九百）

③ 次の数を数字でかきましょう。
① 四万二千七百三十一　　② 七百八十一万五千九十三
（　42731　）　　　（　7815093　）
③ 398129 の一万の位の数は（　9　）。
④ 百万を6こ、十万を8こ、百を3こあわせた数は（　6800300　）。
⑤ 10000 を 580 こ集めた数は（　5800000　）。

●ヒント　③②　百の位の数は0です。位があいているところのかき方に注意しましょう。

22

⇨答え　12ページ

れいだい ★24700 と 23400 の数の大小を、不等号を使って式にかきましょう。

22000　23000　24000　25000
23400　　24700

とき方 けた数は同じなので、上の位からじゅんにくらべます。
24700 と 23400 では、一万の位は2で同じ、千の位は4と3で、4が大きい──24700＞23400
数直線で、24700 のほうが右にあるから 24700＞23400

◀不等号…大小を表すしるし。＞、＜です。
⑦＞①、①＜⑦となります。

◀数の大きさのくらべ方　上の位からじゅんにくらべます。

◀数直線…左から右にいくほど、数が大きくなっています。

① □にあてはまる数をかきましょう。
5286000 と 5234000 では、百万の位は5で同じ、十万の位は2で同じ、一万の位は8と 3 で、8が大きいので、5286000 のほうが大きい。

② 次の数の大小を、不等号を使って式にかきましょう。
① 64700　　63900　　　② 428500　　429100
（64700＞63900）　　　（428500＜429100）

③ 502000　　50200　　　④ 330560　　330580
（502000＞50200）　　　（330560＜330580）

③ 次の数を、大きいほうからじゅんにかきましょう。
① 1702050　　170520　　175020
（1702050、175020、170520）

●よくみて
② 80345006　　8034506　　80435006
（80435006、80345006、8034506）

はじめにけた数を見て、くらべよう。

●ヒント　②③　けた数がちがうときは、けた数の多い数のほうが大きいです。

23

③ ②百の位の0をかきわすれないように注意しましょう。
④百万が6こで 6000000、十万が8こで 800000、百が3こで 300、あわせて 6800300 です。0の数に注意しましょう。
⑤10000 を 580 こ集めた数は、580 のうしろに0を4こつけた数になります。

② はじめに、けた数をくらべましょう。
けた数が同じときは、上の位からじゅんに大きさをくらべます。
けた数がちがうときは、けた数の多いほうが大きいです。
不等号の向きに注意しましょう。

③ ①1702050 は、けた数がいちばん多いから、いちばん大きい数です。170520 と 175020 は、けた数が同じで、十万の位と一万の位が同じだから、千の位でくらべます。

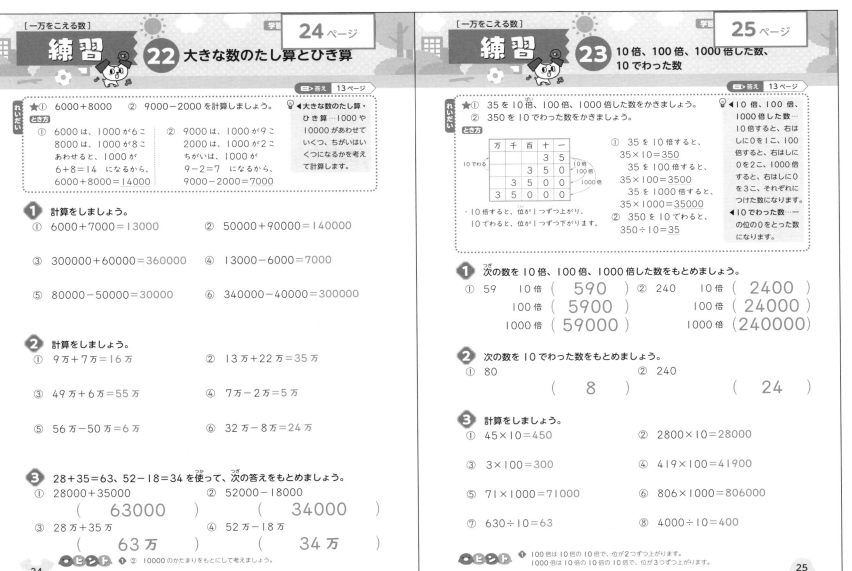

れいだい ★① 6000＋8000　② 9000－2000 を計算しましょう。

とき方

① 6000 は、1000 が6こ
8000 は、1000 が8こ
あわせると、1000 が
6＋8＝14 になるから、
6000＋8000＝14000

② 9000 は、1000 が9こ
2000 は、1000 が2こ
ちがいは、1000 が
9－2＝7 になるから、
9000－2000＝7000

💡◀大きな数のたし算・ひき算…1000 や 10000 があわせていくつ、ちがいはいくつになるかを考えて計算します。

1 計算をしましょう。
① 6000＋7000＝13000
② 50000＋90000＝140000
③ 300000＋60000＝360000
④ 13000－6000＝7000
⑤ 80000－50000＝30000
⑥ 340000－40000＝300000

2 計算をしましょう。
① 9万＋7万＝16万
② 13万＋22万＝35万
③ 49万＋6万＝55万
④ 7万－2万＝5万
⑤ 56万－50万＝6万
⑥ 32万－8万＝24万

3 28＋35＝63、52－18＝34 を使って、次の答えをもとめましょう。
① 28000＋35000
（　63000　）
② 52000－18000
（　34000　）
③ 28万＋35万
（　63万　）
④ 52万－18万
（　34万　）

◉ヒント ❶② 10000 のかたまりをもとにして考えましょう。

24

🔲答え 13ページ

れいだい ★① 35 を 10倍、100倍、1000倍した数をかきましょう。
② 350 を 10 でわった数をかきましょう。

とき方

万	千	百	十	一
			3	5
		3	5	0
	3	5	0	0
3	5	0	0	0

10でわる　10倍 100倍 1000倍

・10倍すると、位が1つずつ上がり、10でわると、位が1つずつ下がります。

① 35 を 10倍すると、
35×10＝350
35 を 100倍すると、
35×100＝3500
35 を 1000倍すると、
35×1000＝35000
② 350 を 10 でわると、
350÷10＝35

💡◀10倍、100倍、1000倍した数…10倍すると、右はしに0を1こ、100倍すると、右はしに0を2こ、1000倍すると、右はしに0を3こ、それぞれにつけた数になります。
◀10でわった数…一の位の0をとった数になります。

1 次の数を 10倍、100倍、1000倍した数をもとめましょう。
① 59　10倍（　590　）
　　 100倍（　5900　）
　 1000倍（　59000　）
② 240　10倍（　2400　）
　　 100倍（　24000　）
　 1000倍（　240000　）

2 次の数を 10 でわった数をもとめましょう。
① 80
（　8　）
② 240
（　24　）

3 計算をしましょう。
① 45×10＝450
② 2800×10＝28000
③ 3×100＝300
④ 419×100＝41900
⑤ 71×1000＝71000
⑥ 806×1000＝806000
⑦ 630÷10＝63
⑧ 4000÷10＝400

◉ヒント ❶ 100倍は 10倍の 10倍で、位が2つずつ上がります。1000倍は 10倍の 10倍の 10倍で、位が3つずつ上がります。

25

24ページ

① 1000 のかたまりがいくつになるか、10000 のかたまりがいくつになるかを考えて計算しましょう。

② 1万のかたまりがいくつになるかを考えて計算しましょう。

③ ①63 の 1000倍になります。
④34 の 1万倍になります。

25ページ

① 10倍すると、右はしに0を1こつけた数になり、100倍すると、右はしに0を2こつけた数になり、1000倍すると、右はしに0を3こつけた数になります。

② 10でわると、一の位の0を1つとった数になります。

③ 10 をかけると、もとの数の右に0を1こつけた数になり、100 をかけると、もとの数の右に0を2こつけた数になり、1000 をかけると、もとの数の右に0を3こつけた数になります。

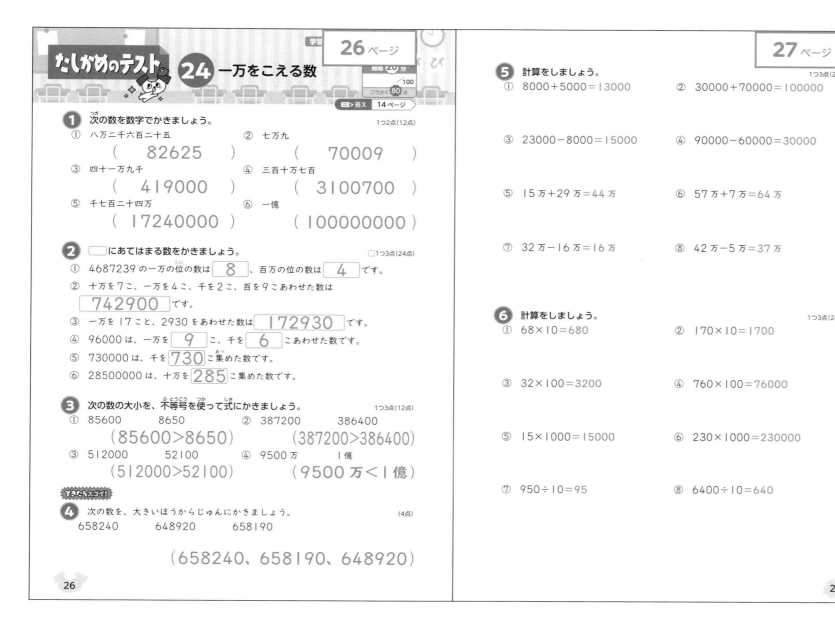

たしかめのテスト 24 一万をこえる数

1 次の数を数字でかきましょう。 1つ2点(12点)
① 八万二千六百二十五
(82625)
② 七万九
(70009)
③ 四十一万九千
(419000)
④ 三百十万七百
(3100700)
⑤ 千七百二十四万
(17240000)
⑥ 一億
(100000000)

2 ☐にあてはまる数をかきましょう。 ☐1つ3点(24点)
① 4687239の一万の位の数は 8 、百万の位の数は 4 です。
② 十万を7こ、一万を4こ、千を2こ、百を9こあわせた数は 742900 です。
③ 一万を17こと、2930をあわせた数は 172930 です。
④ 96000は、一万を 9 こ、千を 6 こあわせた数です。
⑤ 730000は、千を 730 に集めた数です。
⑥ 28500000は、十万を 285 に集めた数です。

3 次の数の大小を、不等号を使って式にかきましょう。 1つ3点(12点)
① 85600   8650
(85600>8650)
② 387200   386400
(387200>386400)
③ 512000   52100
(512000>52100)
④ 9500万   1億
(9500万<1億)

できたらスゴイ!
4 次の数を、大きいほうからじゅんにかきましょう。 (4点)
658240   648920   658190
(658240、658190、648920)

5 計算をしましょう。 1つ3点(24点)
① 8000+5000=13000
② 30000+70000=100000
③ 23000-8000=15000
④ 90000-60000=30000
⑤ 15万+29万=44万
⑥ 57万+7万=64万
⑦ 32万-16万=16万
⑧ 42万-5万=37万

6 計算をしましょう。 1つ3点(24点)
① 68×10=680
② 170×10=1700
③ 32×100=3200
④ 760×100=76000
⑤ 15×1000=15000
⑥ 230×1000=230000
⑦ 950÷10=95
⑧ 6400÷10=640

26ページ
1 数が1つもない位には0をかくのをわすれないようにしましょう。
2 ⑤千(1000)には0が3こあります。同じ数の0を730000からとると、答えがもとめられます。
3 はじめに、けた数をくらべます。けた数がちがうときは、けた数が多いほうが大きいです。けた数が同じときは、上の位からじゅんに大きさをくらべていきます。
4 3つの数はけた数が同じで、十万の位の数も同じだから、一万の位の数から大きさをくらべていきます。

27ページ
5 ①～④1000、10000のかたまりがいくつになるかを考えて計算しましょう。
⑤～⑧一万のかたまりがいくつになるかを考えて計算しましょう。

25 計算のふく習テスト①

時間 20分
/100
ごうかく **80**点

本文 2〜27ページ　答え 15ページ

1 次の計算をしましょう。
1つ2点(18点)
① 8×0=0　　② 3×10=30　　③ 10×10=100

④ 18÷3=6　　⑤ 42÷6=7　　⑥ 45÷5=9

⑦ 7÷1=7　　⑧ 80÷4=20　　⑨ 69÷3=23

2 次の計算をしましょう。
1つ3点(36点)

①
```
  325
+249
 574
```
②
```
  818
+ 65
 883
```
③
```
  469
+257
 726
```

④
```
  573
+299
 872
```
⑤
```
  136
+ 64
 200
```
⑥
```
  303
+ 97
 400
```

⑦
```
  682
-314
 368
```
⑧
```
  540
-228
 312
```
⑨
```
  821
-563
 258
```

⑩
```
  753
-196
 557
```
⑪
```
  230
- 47
 183
```
⑫
```
  304
- 59
 245
```

3 計算をしましょう。
1つ3点(18点)
①
```
  3758
+4194
 7952
```
②
```
  2934
+2596
 5530
```
③
```
  4857
+  43
 4900
```

④
```
  6814
-5339
 1475
```
⑤
```
  3124
-1968
 1156
```
⑥
```
  5232
-  39
 5193
```

4 計算をしましょう。
1つ2点(12点)
① 9000+7000=16000　　② 40000+60000=100000

③ 80000-30000=50000　　④ 32000-5000=27000

⑤ 68万+6万=74万　　⑥ 33万-8万=25万

5 計算をしましょう。
1つ2点(16点)
① 63×10=630　　② 2700×10=27000

③ 56×100=5600　　④ 320×100=32000

⑤ 18×1000=18000　　⑥ 250×1000=250000

⑦ 870÷10=87　　⑧ 4700÷10=470

28ページ

1 ⑨69を、60と9に分けます。60÷3=20、9÷3=3、20+3=23

2 ①〜⑥くり上げた数に注意して計算します。
⑦〜⑫くり下げた数に注意して計算します。

29ページ

3 4けたの計算も、くり上がり、くり下がりに注意しながら、一の位からじゅんに計算します。

4 1000のかたまり、一万のかたまりがいくつになるかをもとにして計算します。

5 ①、②10をかけると、かけられる数の右に0を1こつけた数になります。
③、④100をかけると、かけられる数の右に0を2こつけた数になります。

5 ⑤、⑥1000をかけると、かけられる数の右に0を3こつけた数になります。
⑦、⑧10でわると、一の位の0をとった数になります。

練習  **26** たし算とひき算の暗算

答え 16ページ

れいだい
★① 82+55　② 83−47 を暗算でしましょう。

とき方
① 55 を、50 と 5 に分けて、
　82　+　55　=137
　　　50　5
　82+50=132
　　　132+5=137

② 47 を、40 と 7 に分けて、
　83　−　47　=36
　　　40　7
　83−40=43
　　　43−7=36

💡◀たし算の暗算…たす数を、何十といくつに分けてたします。
◀ひき算の暗算…ひく数を、何十といくつに分けてひきます。

1 ☐ にあてはまる数をかきましょう。
① 96+83
　96　+　83　　83 を、㋐**80** と
　　　㋐3　　　3 に分けます。
　176　　96+㋐**80**=176
　　㋑　　176+3=㋑**179**

② 100−24
　100　−　24　　24 を、㋐**20** と
　　　㋐4　　　4 に分けます。
　80　　100−㋐**20**=80
　㋑　　80−4=㋑**76**

2 暗算でしましょう。
① 14+23=37
② 47+33=80
③ 75+18=93
④ 65+83=148
⑤ 44+76=120

計算する回数が少ないほうが、まちがえにくいよね。

3 暗算でしましょう。
① 78−35=43
② 60−24=36
③ 53−36=17
④ 100−43=57

◆よくみて
⑤ 100−89=11

●ヒント▶ ❸ ③ 36 を、30 と 6 に分けます。53−30=23 だから、23−6 を計算します。くり下がりに気をつけましょう。

たしかめのテスト **27** たし算とひき算の暗算

時間 20分
100
ごうかく **80**点

答え 16ページ

1 暗算のじゅんじょをかいた下の図の☐に、あてはまる数をかきましょう。

1つ5点(30点)

① 36 ＋ 57
　㋐ ㋑
　86
　㋒

② 94 − 37
　㋐ ㋑
　64
　㋒

① ㋐(50) ㋑(7) ㋒(93)
② ㋐(30) ㋑(7) ㋒(57)

2 暗算でしましょう。

1つ7点(35点)

① 73+16=89
② 27+38=65
③ 68+80=148
④ 82+18=100
⑤ 56+78=134

3 暗算でしましょう。

1つ7点(35点)

① 54−23=31
② 95−55=40
③ 74−25=49
④ 100−21=79

できたらスゴイ！
⑤ 100−98=2

30ページ

2 ⑤76 を、70 と 6 に分けます。
　44+70=114
　114+6=120

3 ⑤89 を、80 と 9 に分けます。
　100−80=20
　20−9=11

31ページ

1 たす数、ひく数を、何十といくつに分けて計算します。

2 ④18 を、10 と 8 に分けます。
　82+10=92
　92+8=100

3 ④21 を、20 と 1 に分けます。
　100−20=80
　80−1=79
⑤98 を、90 と 8 に分けます。
　100−90=10
　10−8=2

🏠 おうちのかたへ
暗算のしかたは、お子さまのやりやすいしかたがあれば、ほかのやり方でも構いません。

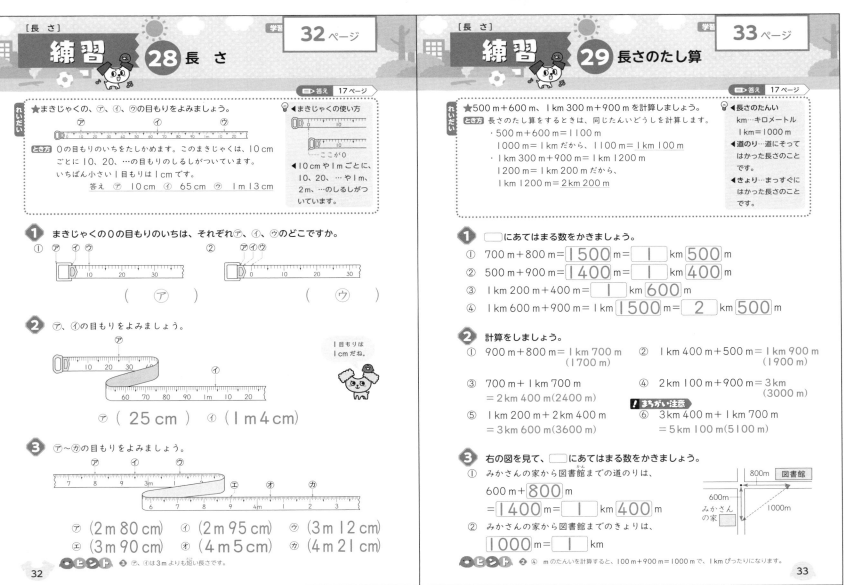

答え 17 ページ

★まきじゃくの、⑦、①、⑦の目もりをよみましょう。

とき方 0の目もりのいちをたしかめます。このまきじゃくは、10 cm ごとに 10、20、…の目もりのしるしがついています。
いちばん小さい1目もりは1cmです。
答え ⑦ 10 cm ① 65 cm ⑦ 1 m 13 cm

◀まきじゃくの使い方

ここが0

◀10 cmごとに、10、20、…や1m、2m、…のしるしがついています。

① まきじゃくの0の目もりのいちは、それぞれ⑦、①、⑦のどこですか。
① （ ⑦ ）   ② （ ⑦ ）

② ⑦、①の目もりをよみましょう。

1目もりは1cmだね。

⑦（ 25 cm ） ①（ 1 m 4 cm）

③ ⑦〜⑦の目もりをよみましょう。

⑦（2 m 80 cm） ①（2 m 95 cm） ⑦（3 m 12 cm）
①（3 m 90 cm） ⑦（4 m 5 cm）   ⑦（4 m 21 cm）

ヒント ③ ⑦、①は3mよりも短い長さです。

32

答え 17 ページ

★500 m＋600 m、1 km 300 m＋900 mを計算しましょう。

とき方 長さのたし算をするときは、同じたんいどうしを計算します。
・500 m＋600 m＝1100 m
 1000 m＝1 kmだから、1100 m＝1 km 100 m
・1 km 300 m＋900 m＝1 km 1200 m
 1200 m＝1 km 200 mだから、
 1 km 1200 m＝2 km 200 m

◀長さのたんい
km…キロメートル
1 km＝1000 m

◀道のり…道にそってはかった長さのことです。

◀きょり…まっすぐにはかった長さのことです。

① □にあてはまる数をかきましょう。
① 700 m＋800 m＝ 1500 m＝ 1 km 500 m
② 500 m＋900 m＝ 1400 m＝ 1 km 400 m
③ 1 km 200 m＋400 m＝ 1 km 600 m
④ 1 km 600 m＋900 m＝1 km 1500 m＝ 2 km 500 m

② 計算をしましょう。
① 900 m＋800 m＝1 km 700 m
  （1700 m）
② 1 km 400 m＋500 m＝1 km 900 m
  （1900 m）
③ 700 m＋1 km 700 m
  ＝2 km 400 m（2400 m）
④ 2 km 100 m＋900 m＝3 km
  （3000 m）
⑤ 1 km 200 m＋2 km 400 m
  ＝3 km 600 m（3600 m）
⑥ 3 km 400 m＋1 km 700 m
  ＝5 km 100 m（5100 m）

まちがい注意

③ 右の図を見て、□にあてはまる数をかきましょう。
① みかさんの家から図書館までの道のりは、
 600 m＋ 800 m
 ＝ 1400 m＝ 1 km 400 m
② みかさんの家から図書館までのきょりは、
 1000 m＝ 1 km

800m 図書館
600m
みかさんの家
1000m

ヒント ② ④ mのたんいを計算すると、100 m＋900 m＝1000 mで、1 kmぴったりになります。

33

② いちばん小さい1目もりは1cm、いちばん大きい1目もりは10 cmを表しています。

③ ⑦、①は、3mの目もりより左にあるから、3mより短い長さであることに注意しましょう。
いちばん大きい1目もりは10 cmを表しているから、⑦がさしている、8は80 cmのことです。3mの前の80 cmだから、2 m 80 cmです。
①がさしている、9と3mの間の目もりは5 cmを表しているから、2 m 95 cmです。

① 長さのたし算は、同じたんいどうしを計算します。

② ③700 m＋1 km 700 m
 ＝1 km 1400 m
 ＝2 km 400 m

③ 道にそってはかった長さを道のり、まっすぐにはかった長さをきょりといいます。

17

練習 ㉚ 長さのひき算

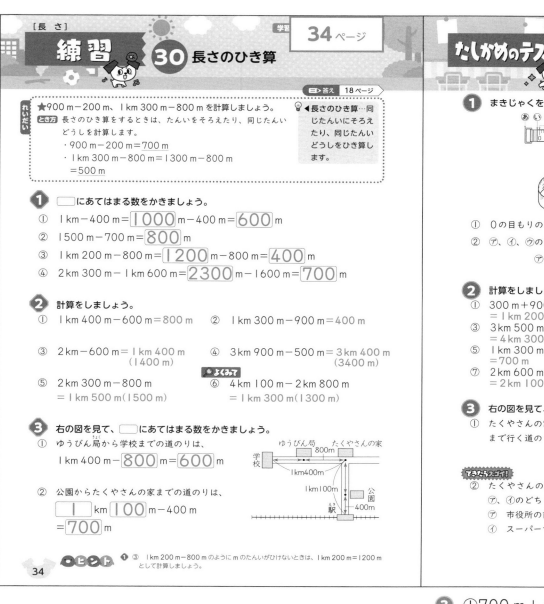

れいだい

★900 m−200 m、1 km 300 m−800 m を計算しましょう。

とき方 長さのひき算をするときは、たんいをそろえたり、同じたんいどうしを計算します。

・900 m−200 m＝700 m

・1 km 300 m−800 m＝1300 m−800 m
＝500 m

💡◀長さのひき算…同じたんいにそろえたり、同じたんいどうしをひき算します。

➡答え 18ページ

1 □にあてはまる数をかきましょう。

① 1 km−400 m＝1000 m−400 m＝600 m

② 1500 m−700 m＝800 m

③ 1 km 200 m−800 m＝1200 m−800 m＝400 m

④ 2 km 300 m−1 km 600 m＝2300 m−1600 m＝700 m

2 計算をしましょう。

① 1 km 400 m−600 m＝800 m

② 1 km 300 m−900 m＝400 m

③ 2 km−600 m＝1 km 400 m（1400 m）

④ 3 km 900 m−500 m＝3 km 400 m（3400 m）

よくみて

⑤ 2 km 300 m−800 m＝1 km 500 m（1500 m）

⑥ 4 km 100 m−2 km 800 m＝1 km 300 m（1300 m）

3 右の図を見て、□にあてはまる数をかきましょう。

① ゆうびん局から学校までの道のりは、
1 km 400 m−800 m＝600 m

② 公園からたくやさんの家までの道のりは、
1 km 100 m−400 m＝700 m

ヒント ① ③ 1 km 200 m−800 m のように m のたんいがひけないときは、1 km 200 m＝1200 m として計算しましょう。

たしかめのテスト ㉛ 長 さ

時間 20分 ごうかく 80点 /100

➡答え 18ページ

1 まきじゃくを見て答えましょう。

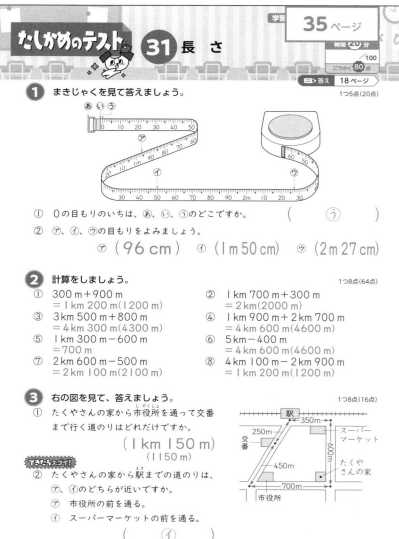

1つ5点(20点)

① 0の目もりのいちは、あ、い、うのどこですか。　　　（ う ）

② ⑦、⑦、⑦の目もりをよみましょう。

⑦（96 cm）　⑦（1 m 50 cm）　⑦（2 m 27 cm）

2 計算をしましょう。

1つ8点(64点)

① 300 m＋900 m＝1 km 200 m（1200 m）

② 1 km 700 m＋300 m＝2 km（2000 m）

③ 3 km 500 m＋800 m＝4 km 300 m（4300 m）

④ 1 km 900 m＋2 km 700 m＝4 km 600 m（4600 m）

⑤ 1 km 300 m−600 m＝700 m

⑥ 5 km−400 m＝4 km 600 m（4600 m）

⑦ 2 km 600 m−500 m＝2 km 100 m（2100 m）

⑧ 4 km 100 m−2 km 900 m＝1 km 200 m（1200 m）

3 右の図を見て、答えましょう。

1つ8点(16点)

① たくやさんの家から市役所を通って交番まで行く道のりはどれだけですか。

（1 km 150 m）（1150 m）

できたらスゴイ!

② たくやさんの家から駅までの道のりは、⑦、⑦のどちらが近いですか。

⑦ 市役所の前を通る。
⑦ スーパーマーケットの前を通る。

（ ⑦ ）

34ページ

2 同じたんいどうしを計算しましょう。

⑥ 4 km 100 m−2 km 800 m
＝4100 m−2800 m
＝1300 m
＝1 km 300 m

35ページ

1 ⑦の目もりは、1 m の目もりより0に近いいちにあるから、1 m より短い長さになることに注意しましょう。

2 ③ 3 km 500 m＋800 m
＝3 km 1300 m
＝4 km 300 m

④ 1 km 900 m＋2 km 700 m
＝3 km 1600 m
＝4 km 600 m

⑤ 1 km 300 m−600 m
＝1300 m−600 m
＝700 m

⑧ 4 km 100 m−2 km 900 m
＝4100 m−2900 m
＝1200 m
＝1 km 200 m

3 ① 700 m＋450 m＝1150 m＝1 km 150 m

② ⑦の道のりは、1150 m＋250 m＝1400 m、
⑦の道のりは、600 m＋350 m＝950 m だから、⑦のほうが近いです。

答え 19ページ

★17÷4 を計算しましょう。
とき方 4のだんの九九を使ってもとめます。
　四三　12……5あります。
　四四　16……1あります。　→　17÷4＝4 あまり1
　四五　20……3たりません。　　（17 わる 4 は 4 あまり 1）
　◎わり算のあまりは、わる数より小さくなるようにします。

◀わり算であまりがないとき→わり切れる。あまりがあるとき→わり切れないといいます。
◀わり算のあまりは、いつもわる数より小さくなるようにします。

1　□にあてはまる数をかきましょう。
① 27÷5 → 5 のだんの九九を使ってもとめます。
　五四　20…… 7 あまります。
　五五　25…… 2 あまります。
　五六　30…… 3 たりません。
　27÷5＝ 5 あまり 2
② 33÷8 → 8 のだんの九九を使ってもとめます。
　八三　24…… 9 あまります。
　八四　32…… 1 あまります。
　八五　40…… 7 たりません。
　33÷8＝ 4 あまり 1

2　□にあてはまる数をかきましょう。
① 19÷6＝3 あまり 1
② 38÷7＝5 あまり 3
③ 70÷9＝7 あまり 7
④ 69÷8＝8 あまり 5

3　計算をしましょう。
① 11÷2＝5 あまり1
② 23÷3＝7 あまり2
③ 52÷7＝7 あまり3
④ 43÷5＝8 あまり3
⑤ 28÷6＝4 あまり4
⑥ 44÷8＝5 あまり4
⑦ 19÷4＝4 あまり3
⑧ 59÷9＝6 あまり5

あまりは、わる数より小さくするよ。

ヒント　わる数の九九を使ってもとめます。「あまり＜わる数」です。

36

答え 19ページ

★21÷6＝3 あまり3の答えをたしかめましょう。
とき方「わる数×答え＋あまり」でたしかめることができます。
　21÷6＝3 あまり3
　6×3＋3＝21
　（3×6＋3＝21 でもよい。）
　3 あまり 3 は正しい

☆26÷4＝5 あまり6
　4×5＋6＝26 ですが、
　あまりの6がわる数の4より大きい。正しい答えは、
　26÷4＝6 あまり2

◀わり算では、「わる数×答え＋あまり＝わられる数」になります。
◀あまりがわる数より小さいかどうかもたしかめます。

1　□にあてはまる数をかきましょう。
① 23÷4＝5 あまり 3　答えのたしかめ　4×5＋3＝ 23
② 68÷8＝8 あまり 4　答えのたしかめ　8× 8 ＋4＝ 68
③ 37÷6＝㋐ 6 あまり㋑ 1
　答えのたしかめ　6×㋐＋㋑＝ 37
④ 46÷7＝㋐ 6 あまり㋑ 4
　答えのたしかめ　7×㋐＋㋑＝ 46

「わる数×答え＋あまり」の式で、たしかめをしよう。

2　わり算の答えが正しいものには○、まちがっているものには、正しい答えをかきましょう。
① 13÷2＝7 あまり1
② 47÷5＝8 あまり7
　（6 あまり 1）　　（9 あまり 2）
③ 29÷4＝7 あまり1
④ 39÷6＝5 あまり9
　（　○　）　　（6 あまり 3）
⑤ 64÷7＝8 あまり8
⑥ 80÷9＝8 あまり8
　（9 あまり 1）　　（　○　）

ヒント　2 ② 5×8＋7＝47 で、たしかめの式はあっています。あまりとわる数の大きさをくらべてみましょう。

37

36ページ

2 わり算のあまりは、いつもわる数より小さくなります。

3 わる数のだんの九九を使って計算します。さいごに、あまりがわる数より小さくなっているかをかくにんしましょう。

37ページ

1 「わる数×答え＋あまり＝わられる数」から、答えのたしかめができます。

2 ①2×7＋1＝15 で、わられる数の13になっていないから、まちがいです。
②あまりが、わる数の5より大きくなっているから、まちがいです。
④あまりが、わる数の6より大きくなっているから、まちがいです。
⑤あまりが、わる数の7より大きくなっているから、まちがいです。

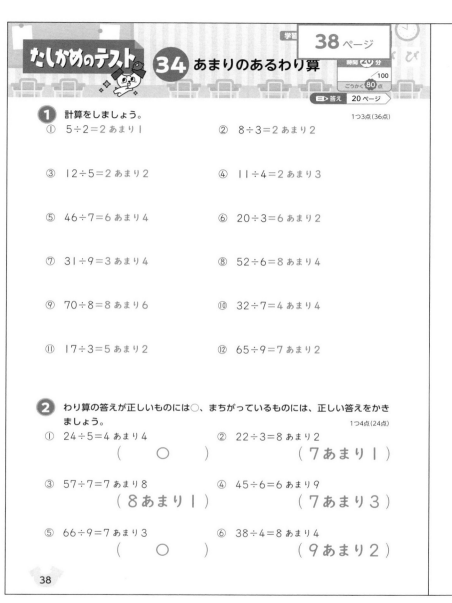

たしかめのテスト **34** あまりのあるわり算

① 計算をしましょう。 1つ3点(36点)

① $5 \div 2 = 2$ あまり1　　② $8 \div 3 = 2$ あまり2

③ $12 \div 5 = 2$ あまり2　　④ $11 \div 4 = 2$ あまり3

⑤ $46 \div 7 = 6$ あまり4　　⑥ $20 \div 3 = 6$ あまり2

⑦ $31 \div 9 = 3$ あまり4　　⑧ $52 \div 6 = 8$ あまり4

⑨ $70 \div 8 = 8$ あまり6　　⑩ $32 \div 7 = 4$ あまり4

⑪ $17 \div 3 = 5$ あまり2　　⑫ $65 \div 9 = 7$ あまり2

② わり算の答えが正しいものには○、まちがっているものには、正しい答えをかきましょう。 1つ4点(24点)

① $24 \div 5 = 4$ あまり4　　② $22 \div 3 = 8$ あまり2
（　○　）　　　　　　　　（ 7 あまり1 ）

③ $57 \div 7 = 7$ あまり8　　④ $45 \div 6 = 6$ あまり9
（ 8 あまり1 ）　　　　　（ 7 あまり3 ）

⑤ $66 \div 9 = 7$ あまり3　　⑥ $38 \div 4 = 8$ あまり4
（　○　）　　　　　　　　（ 9 あまり2 ）

38

③ □にあてはまる数をかきましょう。 1つ3点(30点)

① $\boxed{30} \div 5 = 6$　　　② $27 \div \boxed{3} = 9$

③ $\boxed{51} \div 8 = 6$ あまり3　④ $\boxed{44} \div 6 = 7$ あまり2

⑤ $\boxed{61} \div 7 = 8$ あまり5　⑥ $\boxed{39} \div 9 = 4$ あまり3

⑦ $\boxed{37} \div 4 = 9$ あまり1　⑧ $\boxed{29} \div 5 = 5$ あまり4

⑨ $\boxed{20} \div 3 = 6$ あまり2　⑩ $\boxed{70} \div 8 = 8$ あまり6

活用 できたらスゴイ!

④ 次の月は、何週間と何日になりますか。 1つ5点(10点)

① 1月（31日あります）
（ 4週間と3日 ）

② 4月（30日あります）
（ 4週間と2日 ）

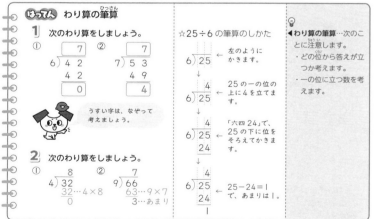

ほってん **わり算の筆算**

1 次のわり算をしましょう。

① $6 \overline{)42}$ ＝7　② $7 \overline{)53}$ ＝7

☆25÷6の筆算のしかた

2 次のわり算をしましょう。

① $4 \overline{)32}$ ＝8　② $9 \overline{)66}$ ＝7

39

38ページ

② ②$3 \times 8 + 2 = 26$で、われる数の22になっていません。

③、④あまりがわる数より大きくなっています。

⑥あまりがわる数と同じときもまちがいです。

39ページ

③ □にあてはまる数は、答えのたしかめの式「わる数×答え＋あまり＝われる数」でもとめられます。

④ 1週間は7日です。

①1月は31日あるから、$31 \div 7 = 4$ あまり3より、4週間と3日です。

はってん

2 ②$6 \div 9$はできないから、十の位に答えは立ちません。$9 \times 7 = 63$より、一の位に7をかきます。$66 - 63 = 3$があまりになります。

おうちのかたへ
わり算の筆算は、4年生でくわしく学習します。

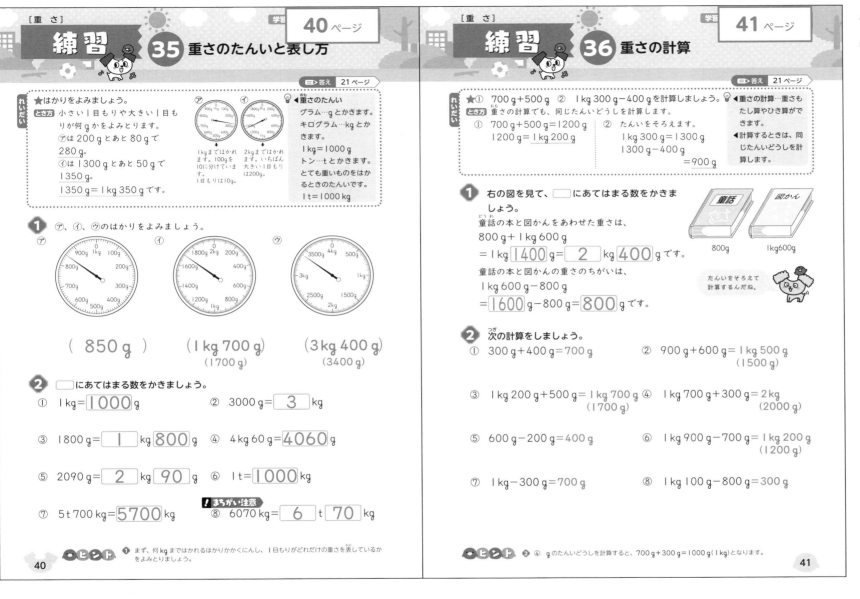

■答え 21ページ

れいだい ★はかりをよみましょう。
とき方 小さい1目もりや大きい1目もりが何gかをよみとります。
⑦は200gとあと80gで280g。
⑦は1300gとあと50gで1350。
1350g=1kg350gです。

💡重さのたんい
グラム…gとかきます。
キログラム…kgとかきます。
1kg=1000g
トン…tとかきます。
とても重いものをはかるときのたんいです。
1t=1000kg

1kgまではかれます。100gを10に分けています。
1目もりは10g。

2kgまではかれます。いちばん大きい1目もり1200g。

① ⑦、⑦、⑦のはかりをよみましょう。

⑦ （ 850g ）
⑦ （ 1kg 700g ）（1700g）
⑦ （ 3kg 400g ）（3400g）

② □にあてはまる数をかきましょう。
① 1kg=｜1000｜g
② 3000g=｜3｜kg
③ 1800g=｜1｜kg｜800｜g
④ 4kg60g=｜4060｜g
⑤ 2090g=｜2｜kg｜90｜g
⑥ 1t=｜1000｜kg
⑦ 5t700kg=｜5700｜kg

!まちがい注意
⑧ 6070kg=｜6｜t｜70｜kg

●ヒント ① まず、何kgまではかれるはかりかをかくにんし、1目もりがどれだけの重さを表しているかをよみとりましょう。

40

■答え 21ページ

れいだい ★① 700g+500g　1kg300g-400gを計算しましょう。
とき方 重さの計算でも、同じたんいどうしを計算します。
① 700g+500g=1200g
1200g=1kg200g
② たんいをそろえます。
1kg300g=1300g
1300g-400g
＝900g

💡重さの計算…重さもたし算やひき算ができます。
◀計算するときは、同じたんいどうしを計算します。

① 右の図を見て、□にあてはまる数をかきましょう。
童話の本と図かんをあわせた重さは、
800g+1kg600g
=1kg｜1400｜g=｜2｜kg｜400｜gです。
童話の本と図かんの重さのちがいは、
1kg600g-800g
=｜1600｜g-800g=｜800｜gです。

童話 800g　図かん 1kg600g

たんいをそろえて計算するんだね。

② 次の計算をしましょう。
① 300g+400g=700g
② 900g+600g=1kg500g（1500g）
③ 1kg200g+500g=1kg700g（1700g）
④ 1kg700g+300g=2kg（2000g）
⑤ 600g-200g=400g
⑥ 1kg900g-700g=1kg200g（1200g）
⑦ 1kg-300g=700g
⑧ 1kg100g-800g=300g

●ヒント ② ④ gのたんいどうしを計算すると、700g+300g=1000g（1kg）となります。

41

❶ ⑦いちばん小さい1目もりは10gです。はりは、800gといちばん小さい目もり5つ分だから850gです。
⑦大きい1目もりは200gで、そのまん中の目もりは100gです。はりは、1600gと1800gのまん中だから、1700g=1kg700gです。
⑦500gの目もりの中を5等分しているから、中くらいの1目もりは100gです。はりは、3kgと中くらいの目もり4つ分だから、3kg400gです。
❷ 1kg=1000g、
1t=1000kgです。

❷ ④1kg700g+300g
＝1kg1000g
＝2kg
⑧1kg100g-800g
＝1100g-800g
＝300g

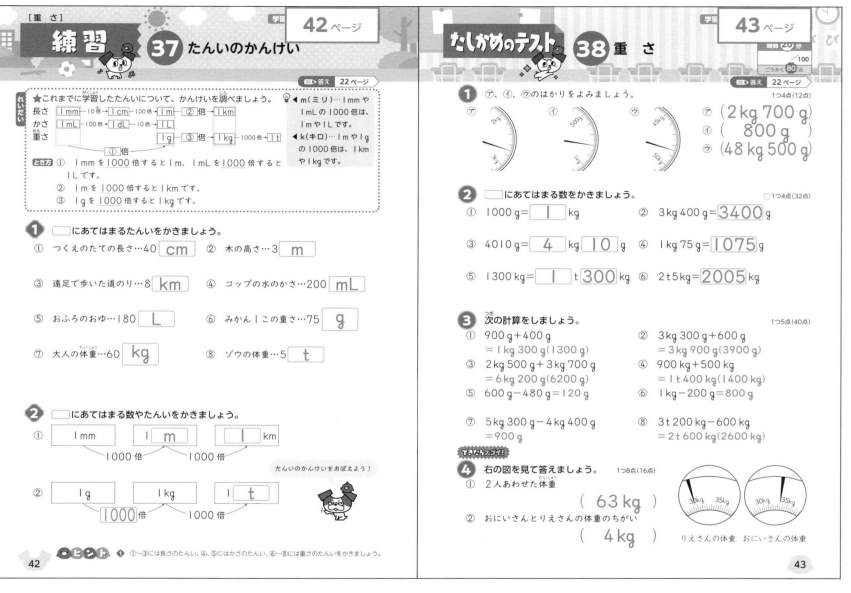

答え 22ページ

★これまでに学習したたんいについて、かんけいを調べましょう。

れいだい

長さ　1mm →10倍→ 1cm →100倍→ 1m →②倍→ 1km
かさ　1mL →100倍→ 1dL →10倍→ 1L
重さ　1g →③倍→ 1kg →1000倍→ 1t
　　　①倍

◀m(ミリ)…1mmや1mLの1000倍は、1mや1Lです。

◀k(キロ)…1mや1gの1000倍は、1kmや1kgです。

とき方
① 1mmを1000倍すると1m、1mLを1000倍すると1Lです。
② 1mを1000倍すると1kmです。
③ 1gを1000倍すると1kgです。

1 □にあてはまるたんいをかきましょう。
① つくえのたての長さ…40 [cm]
② 木の高さ…3 [m]
③ 遠足で歩いた道のり…8 [km]
④ コップの水のかさ…200 [mL]
⑤ おふろのおゆ…180 [L]
⑥ みかん1この重さ…75 [g]
⑦ 大人の体重…60 [kg]
⑧ ゾウの体重…5 [t]

2 □にあてはまる数やたんいをかきましょう。
① [1mm] →1000倍→ [1 m] →1000倍→ [1 km]
② [1g] →[1000]倍→ [1kg] →1000倍→ [1 t]

たんいのかんけいをおぼえよう！

ヒント 1 ①～③には長さのたんい、④、⑤にはかさのたんい、⑥～⑧には重さのたんいをかきましょう。

答え 22ページ

1 ⑦、①、⑦のはかりをよみましょう。　1つ4点(12点)
⑦ (2kg 700g)
① (　800g　)
⑦ (48kg 500g)

2 □にあてはまる数をかきましょう。　□1つ4点(32点)
① 1000g=[1]kg
② 3kg400g=[3400]g
③ 4010g=[4]kg[10]g
④ 1kg75g=[1075]g
⑤ 1300kg=[1]t[300]kg
⑥ 2t5kg=[2005]kg

3 次の計算をしましょう。　1つ5点(40点)
① 900g+400g
　=1kg300g(1300g)
② 3kg300g+600g
　=3kg900g(3900g)
③ 2kg500g+3kg700g
　=6kg200g(6200g)
④ 900kg+500g
　=1t400kg(1400kg)
⑤ 600g-480g=120g
⑥ 1kg-200g=800g
⑦ 5kg300g-4kg400g
　=900g
⑧ 3t200kg-600kg
　=2t600kg(2600kg)

できたらスゴイ！
4 右の図を見て答えましょう。　1つ8点(16点)
① 2人あわせた体重
　(　63kg　)
② おにいさんとりえさんの体重のちがい
　(　4kg　)

30kg　35kg　　30kg　35kg
りえさんの体重　おにいさんの体重

42ページ
2 ①1mmを1000倍すると1m、1mを1000倍すると1kmになります。
②1gを1000倍すると1kg、1kgを1000倍すると1tになります。

43ページ
2 ⑥2t=2000kgだから、
　2t5kg
　=2000kg+5kg
　=2005kg
3 ③2kg500g+3kg700g
　=5kg1200g
　=6kg200g
⑧3t200kg-600kg
　=3200kg-600kg
　=2600kg
　=2t600kg
4 りえさんの体重は29kg500g、おにいさんの体重は33kg500gです。

おうちのかたへ
長さ、かさ、重さの単位を学習します。生活の中で、それぞれの量がどのくらいなのか、イメージできるようにしましょう。

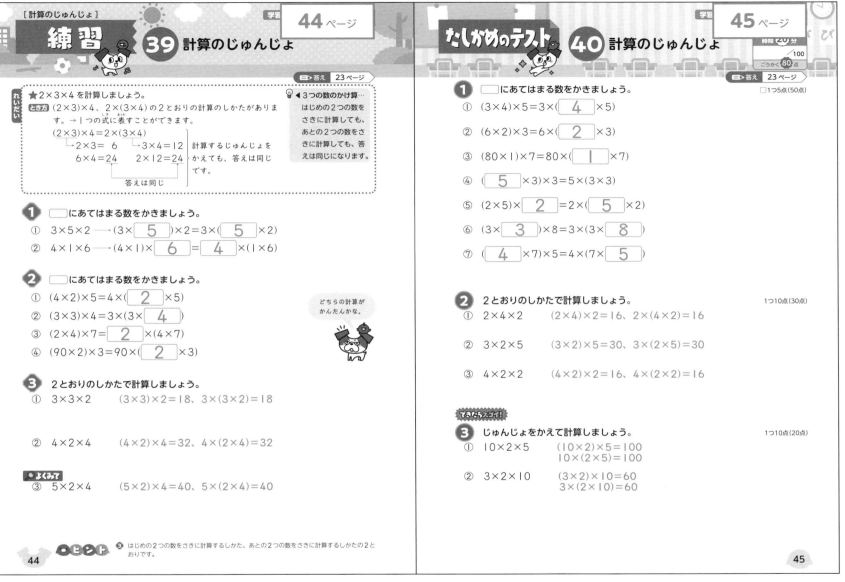

答え 23ページ

★2×3×4を計算しましょう。

とき方 (2×3)×4、2×(3×4)の2とおりの計算のしかたがあります。→1つの式に表すことができます。

(2×3)×4＝2×(3×4)
　　2×3＝ 6　　　3×4＝12
　　6×4＝24　　　2×12＝24

計算するじゅんじょをかえても、答えは同じです。

答えは同じ

💡◀3つの数のかけ算…
はじめの2つの数をさきに計算しても、あとの2つの数をさきに計算しても、答えは同じになります。

❶ □にあてはまる数をかきましょう。
① 3×5×2 → (3×[5])×2＝3×([5]×2)
② 4×1×6 → (4×1)×[6]＝[4]×(1×6)

❷ □にあてはまる数をかきましょう。
① (4×2)×5＝4×([2]×5)
② (3×3)×4＝3×(3×[4])
③ (2×4)×7＝[2]×(4×7)
④ (90×2)×3＝90×([2]×3)

どちらの計算がかんたんかな。

❸ 2とおりのしかたで計算しましょう。
① 3×3×2　　(3×3)×2＝18、3×(3×2)＝18

② 4×2×4　　(4×2)×4＝32、4×(2×4)＝32

●よくみて
③ 5×2×4　　(5×2)×4＝40、5×(2×4)＝40

●ヒント ❸ はじめの2つの数をさきに計算するしかたと、あとの2つの数をさきに計算するしかたの2とおりです。

答え 23ページ

❶ □にあてはまる数をかきましょう。
□1つ5点(50点)

① (3×4)×5＝3×([4]×5)
② (6×2)×3＝6×([2]×3)
③ (80×1)×7＝80×([1]×7)
④ ([5]×3)×3＝5×(3×3)
⑤ (2×5)×[2]＝2×([5]×2)
⑥ (3×[3])×8＝3×(3×[8])
⑦ ([4]×7)×5＝4×(7×[5])

❷ 2とおりのしかたで計算しましょう。
1つ10点(30点)
① 2×4×2　　(2×4)×2＝16、2×(4×2)＝16

② 3×2×5　　(3×2)×5＝30、3×(2×5)＝30

③ 4×2×2　　(4×2)×2＝16、4×(2×2)＝16

できたらスゴイ!
❸ じゅんじょをかえて計算しましょう。
1つ10点(20点)
① 10×2×5　　(10×2)×5＝100
　　　　　　　10×(2×5)＝100

② 3×2×10　　(3×2)×10＝60
　　　　　　　3×(2×10)＝60

44ページ
❶ かけるじゅんじょを入れかえても、かけ算の答えは同じになります。
❸ ③(5×2)×4＝10×4
　　＝40
　　5×(2×4)＝5×8
　　＝40
　計算がかんたんになるように、かけるじゅんじょをきめましょう。

45ページ
❶ 3つの数のならび方をよく見て、あてはまる数を入れましょう。
❷ ②(3×2)×5＝6×5
　　＝30
　　3×(2×5)＝3×10
　　＝30
❸ ①(10×2)×5
　　＝20×5＝100
　　10×(2×5)
　　＝10×10＝100
　②(3×2)×10
　　＝6×10＝60
　　3×(2×10)
　　＝3×20＝60
　どちらの計算のしかたが自分にとってかんたんかを考えてみましょう。

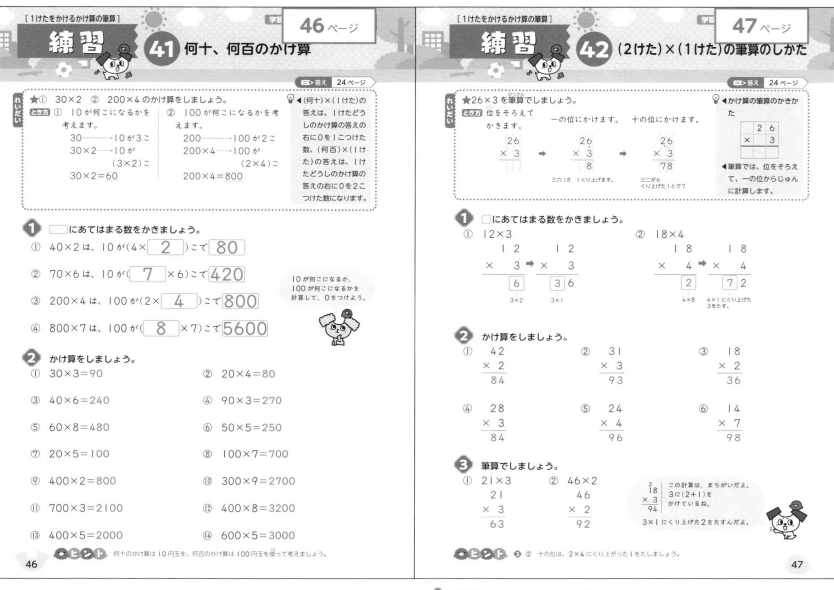

[1けたをかけるかけ算の筆算]

学習 **46** ページ

練習 ④1 何十、何百のかけ算

答え 24ページ

れいだい ★① 30×2 ② 200×4 のかけ算をしましょう。

とき方 ① 10が何こになるかを考えます。

30 ──→ 10が3こ
30×2──→ 10が
　　　　　(3×2)こ
30×2=60

② 100が何こになるかを考えます。

200 ──→ 100が2こ
200×4──→ 100が
　　　　　(2×4)こ
200×4=800

💡 (何十)×(1けた)の答えは、1けたどうしのかけ算の答えの右に0を1こつけた数、(何百)×(1けた)の答えは、1けたどうしのかけ算の答えの右に0を2こつけた数になります。

❶ □にあてはまる数をかきましょう。

① 40×2は、10が(4× 2)こで 80

② 70×6、10が(7 ×6)こで 420

③ 200×4は、100が(2× 4)こで 800

④ 800×7は、100が(8 ×7)こで 5600

10が何こになるか、100が何こになるかを計算して、0をつけよう。

❷ かけ算をしましょう。

① 30×3=90

② 20×4=80

③ 40×6=240

④ 90×3=270

⑤ 60×8=480

⑥ 50×5=250

⑦ 20×5=100

⑧ 100×7=700

⑨ 400×2=800

⑩ 300×9=2700

⑪ 700×3=2100

⑫ 400×8=3200

⑬ 400×5=2000

⑭ 600×5=3000

ヒント 何十のかけ算は10円玉を、何百のかけ算は100円玉を使って考えましょう。

46

[1けたをかけるかけ算の筆算]

学習 **47** ページ

練習 ④2 (2けた)×(1けた)の筆算のしかた

答え 24ページ

れいだい ★26×3を筆算でしましょう。

とき方 位をそろえてかきます。

```
  2 6
× 　3
```

一の位にかけます。

```
  2 6
× 　3
───
  　8
```
三六18 1くり上げます。

十の位にかけます。

```
  2 6
× 　3
───
  7 8
```
三二が6 くり上げた1とで7

💡 かけ算の筆算のかきかた

```
  2 6
× 　3
```

◀筆算では、位をそろえて、一の位からじゅんに計算します。

❶ □にあてはまる数をかきましょう。

① 12×3

```
  1 2        1 2
× 　3   ➡   × 　3
───        ───
  　6        3 6
```
3×2   3×1

② 18×4

```
  1 8        1 8
× 　4   ➡   × 　4
───        ───
  　2        7 2
```
4×8   4×1にくり上げた3をたす。

❷ かけ算をしましょう。

①
```
  4 2
× 　2
───
  8 4
```

②
```
  3 1
× 　3
───
  9 3
```

③
```
  1 8
× 　2
───
  3 6
```

④
```
  2 8
× 　3
───
  8 4
```

⑤
```
  2 4
× 　4
───
  9 6
```

⑥
```
  1 4
× 　7
───
  9 8
```

❸ 筆算でしましょう。

① 21×3

```
  2 1
× 　3
───
  6 3
```

② 46×2

```
  4 6
× 　2
───
  9 2
```

この計算は、まちがいだよ。
```
  2
  1 8
× 　3
───
  9 4
```
3に(2+1)をかけているね。
3×1にくり上げた2をたすんだよ。

ヒント ❸ ② 十の位は、2×4にくり上がった1をたしましょう。

47

---

❶ ①、②10が何こになるかを考えて計算します。

③、④100が何こになるかを考えて計算します。

❷ ①〜⑦(何十)×(1けた)のかけ算の答えは、1けたどうしのかけ算の答えの右に0を1こつけた数になります。

⑧〜⑭(何百)×(1けた)のかけ算の答えは、1けたどうしのかけ算の答えの右に0を2こつけた数になります。

47 ページ

❷ 一の位、十の位のじゅんにかけ算をします。

③2×8=16
十の位に1くり上げる。
2×1=2
くり上げた1をたして3

④3×8=24
十の位に2くり上げる。
3×2=6
くり上げた2をたして8

---

❸ 筆算をするときは、位をたてにそろえてかきましょう。

24

練習 43 （2けた）×（1けた）の筆算

答え 25ページ

れいだい
★48×3を筆算でしましょう。
とき方 位をそろえてかきます。　　一の位にかけます。　　十の位にかけます。

48
× 3
→
48
× 3
―――
4
（三八24 2くり上げます。）
→
48
× 3
―――
144
（三四12 くり上げた2で14）

💡 くり上がりがつづく筆算…一の位も十の位もくり上げるかけ算でも、これまでの筆算と同じように計算します。

1 □にあてはまる数をかきましょう。
① 31×5
31
× 5
→
31
× 5
―――
[5] [1]55
5×1　5×3

② 27×5
27
× 5
→
27
× 5
―――
[5] [1]35
5×7　5×2にくり上げた3をたします。

2 かけ算をしましょう。
① 72
× 4
―――
288

② 70
× 8
―――
560

③ 64
× 3
―――
192

④ 56
× 6
―――
336

⑤ 25
× 4
―――
100

＋ー計算に強くなる！×÷
くり上がった数をわすれずにかいておくと、計算まちがいが少なくなるよ。

3 筆算でしましょう。
① 51×7
51
× 7
―――
357

② 64×4
64
× 4
―――
256

③ 12×9
12
× 9
―――
108

👓ヒント 3 ② 十の位は、4×6に1をたして25です。
百の位に2がくり上がることに注意しましょう。

練習 44 （3けた）×（1けた）の筆算

答え 25ページ

れいだい
★349×4を筆算でしましょう。
とき方

349
× 4
―――
6
（四九36 十の位に3をくり上げます。）
→
349
× 4
―――
96
（四四16 くり上げた3とで19 百の位に1くり上げます。）
→
349
× 4
―――
1396
（四三12 くり上げた1とで13 千の位は1ます。）

💡 （3けた）×（1けた）の筆算…かけられる数が3けたになっても、これまでの筆算と同じように計算します。
くり上がりがつづくときは、くり上げた数はかいておきます。

1 □にあてはまる数をかきましょう。
① 384×2
384
× 2
→
384
× 2
―――
[6]8
2×8
[7]68
2×3にくり上げた1をたします。

② 425×8
425
× 8
→
425
× 8
―――
[0]0
8×2にくり上げた4をたします。
[3]400
8×4にくり上げた2をたします。

2 かけ算をしましょう。
① 412
× 2
―――
824

② 307
× 3
―――
921

③ 524
× 4
―――
2096

④ 367
× 8
―――
2936

⑤ 735
× 6
―――
4410

⑥ 509
× 7
―――
3563

くり上がった数を小さくかいておいて計算しよう。

3 筆算でしましょう。
① 183×2
183
× 2
―――
366

② 725×3
725
× 3
―――
2175

③ 576×4
576
× 4
―――
2304

👓ヒント 2 ② 一の位は三七21で2くり上げます。
十の位は3×0なので、くり上がった2になります。

---

2 くり上がりに気をつけて計算しましょう。
⑤4×5=20
十の位に2くり上げる。
4×2=8
くり上げた2をたして10
十の位に0をかいて、1は百の位にかきます。

2 答えをかく位をまちがえないように注意しましょう。
④8×7=56
十の位に5くり上げる。
8×6=48
くり上げた5をたして53
百の位に5くり上げる。
8×3=24
くり上げた5をたして29
千の位に2くり上げる。
⑥7×9=63
十の位に6くり上げる。
十の位は0だから、くり上げた6をかく。
7×5=35
千の位に3くり上げる。

🏠 おうちのかたへ
九九を確実に言えるように、しっかり練習させてください。

25

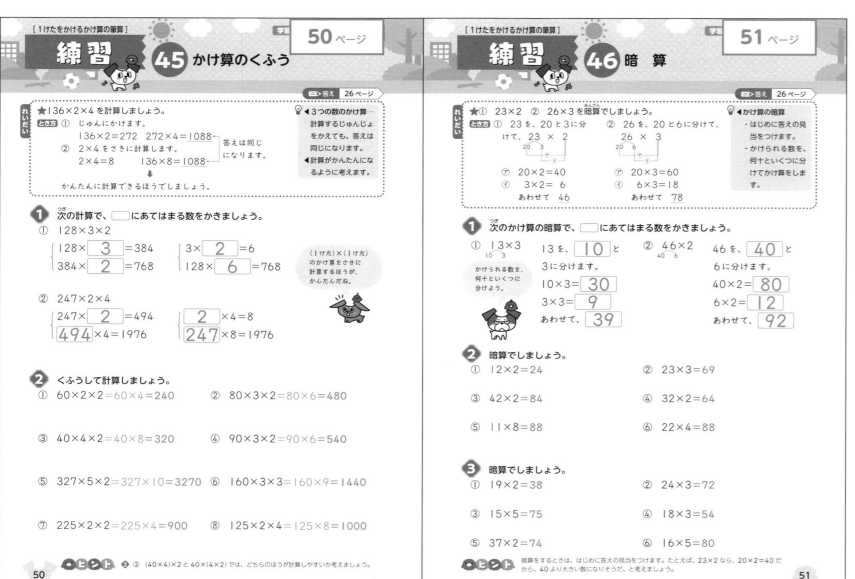

★136×2×4 を計算しましょう。

とき方 ① じゅんにかけます。
136×2＝272　272×4＝1088
② 2×4 をさきに計算します。
2×4＝8　136×8＝1088
答えは同じになります。

かんたんに計算できるほうでしましょう。

答え 26 ページ

◀3つの数のかけ算…
計算するじゅんじょをかえても、答えは同じになります。
◀計算がかんたんになるように考えます。

1 次の計算で、□にあてはまる数をかきましょう。
① 128×3×2
128× 3 ＝384　3× 2 ＝6
384× 2 ＝768　128× 6 ＝768

（1けた）×（1けた）のかけ算をさきに計算するほうが、かんたんだね。

② 247×2×4
247× 2 ＝494　 2 ×4＝8
494 ×4＝1976　 247 ×8＝1976

2 くふうして計算しましょう。
① 60×2×2＝60×4＝240
② 80×3×2＝80×6＝480
③ 40×4×2＝40×8＝320
④ 90×3×2＝90×6＝540
⑤ 327×5×2＝327×10＝3270
⑥ 160×3×3＝160×9＝1440
⑦ 225×2×2＝225×4＝900
⑧ 125×2×4＝125×8＝1000

ヒント ❷ ③ (40×4)×2 と 40×(4×2) では、どちらのほうが計算しやすいか考えましょう。

50

答え 26 ページ

★① 23×2　② 26×3 を暗算でしましょう。

とき方 ① 23 を、20 と3に分けて、23×2
20　3
⑦ 20×2＝40
① 3×2＝6
あわせて 46

② 26 を、20 と6に分けて、26×3
20　6
⑦ 20×3＝60
① 6×3＝18
あわせて 78

◀かけ算の暗算
・はじめに答えの見当をつけます。
・かけられる数を、何十といくつに分けてかけ算をします。

1 次のかけ算の暗算で、□にあてはまる数をかきましょう。
① 13×3
13 を、 10 と3に分けます。
10×3＝ 30
3×3＝ 9
あわせて、 39

かけられる数を、何十といくつに分けよう。

② 46×2
46 を、 40 と6に分けます。
40×2＝ 80
6×2＝ 12
あわせて、 92

2 暗算でしましょう。
① 12×2＝24
② 23×3＝69
③ 42×2＝84
④ 32×2＝64
⑤ 11×8＝88
⑥ 22×4＝88

3 暗算でしましょう。
① 19×2＝38
② 24×3＝72
③ 15×5＝75
④ 18×3＝54
⑤ 37×2＝74
⑥ 16×5＝80

ヒント 暗算をするときは、はじめに答えの見当をつけます。たとえば、23×2 なら、20×2＝40 だから、40 より大きい数になりそうだ、と考えましょう。

51

50 ページ
❷ ⑤(327×5)×2
＝1635×2＝3270
327×(5×2)
＝327×10＝3270
（1けた）×（1けた）をさきに計算するほうがかんたんです。

51 ページ
1 かけられる数を何十といくつに分けて、暗算をします。
2 ④32 を、30 と2に分けます。30×2＝60、2×2＝4、あわせて 64
⑥22 を、20 と2に分けます。20×4＝80、2×4＝8、あわせて 88
3 ①19 を、10 と9に分けます。10×2＝20、9×2＝18、あわせて 38
⑤37 を、30 と7に分けます。30×2＝60、7×2＝14、あわせて 74

おうちのかたへ
計算を簡単にできるようにくふうすることは、計算まちがいを防ぐことにもつながります。

47 1けたをかけるかけ算の筆算

時間 **20**分
ごうかく **80**点 /100
答え **27**ページ

1 かけ算をしましょう。
1つ4点(36点)

① 23
× 2
46

② 43
× 2
86

③ 25
× 3
75

④ 61
× 8
488

⑤ 82
× 4
328

⑥ 64
× 7
448

⑦ 27
× 4
108

⑧ 73
× 7
511

⑨ 39
× 8
312

2 かけ算をしましょう。
1つ4点(24点)

① 413
× 2
826

② 124
× 4
496

③ 216
× 3
648

④ 328
× 3
984

⑤ 284
× 2
568

⑥ 161
× 6
966

3 かけ算をしましょう。
1つ4点(24点)

① 427
× 6
2562

② 546
× 9
4914

③ 329
× 4
1316

④ 572
× 7
4004

⑤ 935
× 8
7480

てきたら スゴイ！
⑥ 336
× 3
1008

4 くふうして計算しましょう。
1つ2点(4点)

① 30×3×2=30×6=180

② 140×2×2=140×4=560

5 暗算でしましょう。
1つ2点(12点)

① 14×2=28

② 32×3=96

③ 24×2=48

④ 15×3=45

⑤ 17×5=85

⑥ 48×2=96

けってん （4けた）×（1けた）の筆算

1 かけ算をしましょう。

① 　1 1 2
　2 3 4 6
　×　　 4
　9 3 8 4

② 1359
× 7
9513

③ 3857
× 4
15428

④ 4260
× 3
12780

◀（4けた）×（1けた）の筆算でも、（3けた）×（1けた）の筆算と同じように、一の位からじゅんにかけていきます。
くり上がった数をわすれないようにかいておきましょう。

52ページ

1 くり上がりに気をつけましょう。
⑨8×9=72
十の位に7くり上げる。
8×3=24
くり上げた7をたして31
百の位に3くり上げる。

2 ⑤2×4=8
2×8=16
百の位に1くり上げる。
2×2=4
くり上げた1をたして5

53ページ

3 ④7×2=14
十の位に1くり上げる。
7×7=49
くり上げた1をたして50
百の位に5くり上げる。
7×5=35
くり上げた5をたして40
千の位に4くり上げる。

5 ①14を、10と4に分けます。
10×2=20、4×2=8、あわせて28
⑥48を、40と8に分けます。
40×2=80、8×2=16、あわせて96

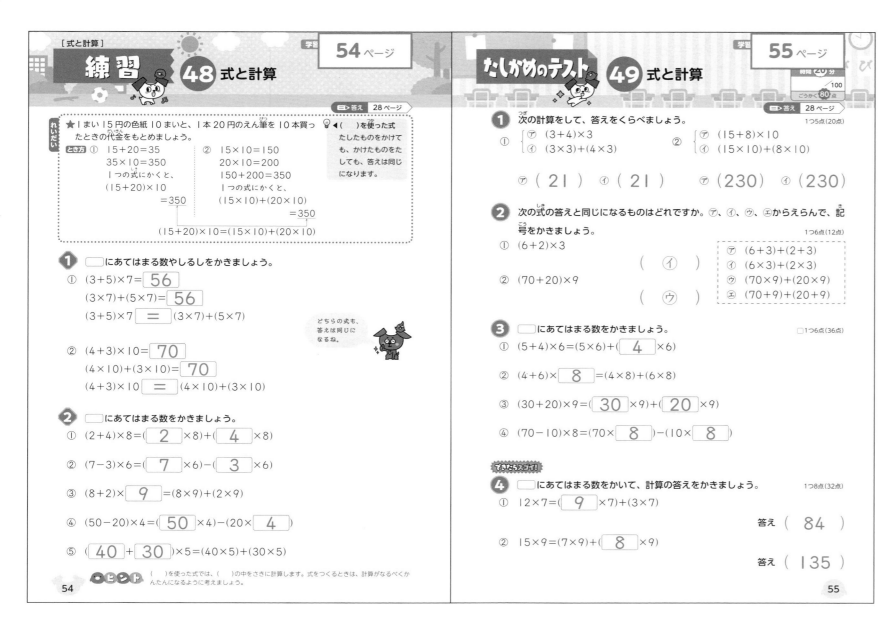

答え 28 ページ

れいだい ★ 1まい 15円の色紙 10まいと、1本 20円のえん筆を 10本買っ たときの代金をもとめましょう。

◀（　）を使った式 たしたものをかけて も、かけたものをた しても、答えは同じ になります。

とき方 ① 15＋20＝35
35×10＝350
1つの式にかくと、
（15＋20）×10
＝350

② 15×10＝150
20×10＝200
150＋200＝350
1つの式にかくと、
（15×10）＋（20×10）
＝350

（15＋20）×10＝（15×10）＋（20×10）

❶ □にあてはまる数やしるしをかきましょう。
① （3＋5）×7＝ 56
（3×7）＋（5×7）＝ 56
（3＋5）×7 ＝ （3×7）＋（5×7）

② （4＋3）×10＝ 70
（4×10）＋（3×10）＝ 70
（4＋3）×10 ＝ （4×10）＋（3×10）

どちらの式も、 答えは同じに なるね。

❷ □にあてはまる数をかきましょう。
① （2＋4）×8＝（ 2 ×8）＋（ 4 ×8）
② （7−3）×6＝（ 7 ×6）−（ 3 ×6）
③ （8＋2）× 9 ＝（8×9）＋（2×9）
④ （50−20）×4＝（ 50 ×4）−（20× 4 ）
⑤ （ 40 ＋ 30 ）×5＝（40×5）＋（30×5）

ヒント （　）を使った式では、（　）の中をさきに計算します。式をつくるときは、計算がなるべくか んたんになるように考えましょう。

54

時間 20分
100
ごうかく 80点

答え 28 ページ

❶ 次の計算をして、答えをくらべましょう。
1つ5点（20点）
① { ⑦ （3＋4）×3
{ ⑦ （3×3）＋（4×3）
② { ⑦ （15＋8）×10
{ ⑦ （15×10）＋（8×10）

⑦（ 21 ） ⑦（ 21 ） ⑦（ 230 ） ⑦（ 230 ）

❷ 次の式の答えと同じになるものはどれですか。⑦、⑦、⑦、⑦からえらんで、記 号をかきましょう。
1つ6点（12点）
① （6＋2）×3
（ ⑦ ）
② （70＋20）×9
（ ⑦ ）

⑦ （6＋3）＋（2＋3）
⑦ （6×3）＋（2×3）
⑦ （70×9）＋（20×9）
⑦ （70＋9）＋（20＋9）

❸ □にあてはまる数をかきましょう。
□1つ6点（36点）
① （5＋4）×6＝（5×6）＋（ 4 ×6）
② （4＋6）× 8 ＝（4×8）＋（6×8）
③ （30＋20）×9＝（ 30 ×9）＋（ 20 ×9）
④ （70−10）×8＝（70× 8 ）−（10× 8 ）

できたらスゴイ！

❹ □にあてはまる数をかいて、計算の答えをかきましょう。
1つ8点（32点）
① 12×7＝（ 9 ×7）＋（3×7）
答え（ 84 ）
② 15×9＝（7×9）＋（ 8 ×9）
答え（ 135 ）

55

54 ページ

❶ ①（3＋5）×7と
（3×7）＋（5×7）は、
どちらの式も答えは同
じになります。

❷ ⑤（40＋30）×5
＝70×5＝350
（40×5）＋（30×5）
＝200＋150
＝350
どちらの式も答えは同
じになります。

55 ページ

❷ ①6と2のそれぞれに3
をかけてからたし算を
している式をえらびま
す。

❸ ①（5＋4）×6と
（5×6）＋（4×6）の答
えは同じになります。

❹ ①12を、9と3に分け
ます。
12×7＝84
（9×7）＋（3×7）
＝63＋21＝84
どちらの式も答えは同
じになります。
②15を、7と8に分け
ます。

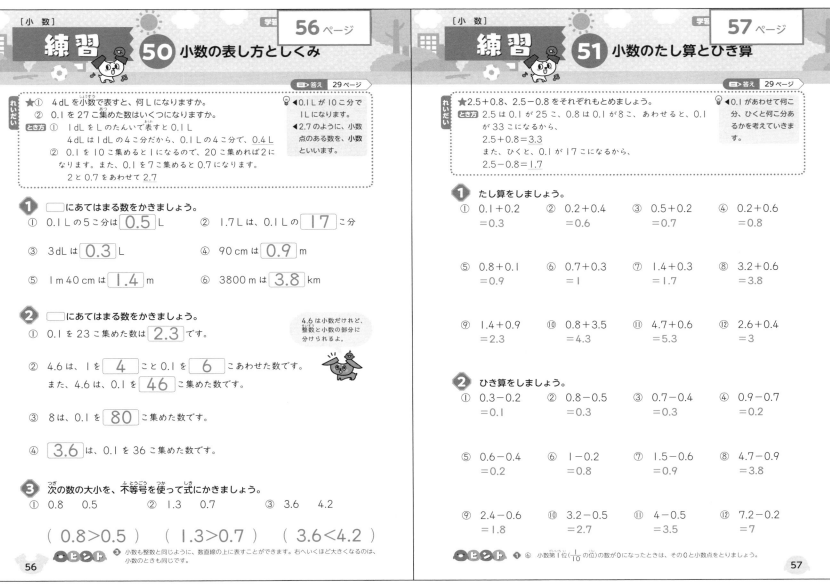

答え 29ページ

れいだい
★① 4dL を小数で表すと、何 L になりますか。
　② 0.1 を 27 こ集めた数はいくつになりますか。
とき方 ① 1dL を L のたんいで表すと 0.1 L
　　　　4dL は 1dL の 4 こ分だから、0.1 L の 4 こ分で、0.4 L
　② 0.1 を 10 こ集めると 1 になるので、20 こ集めれば 2 になります。また、0.1 を 7 こ集めると 0.7 になります。
　　2 と 0.7 をあわせて 2.7

◀0.1 L が 10 こ分で 1 L になります。
◀2.7 のように、小数点のある数を、小数といいます。

1 ◻ にあてはまる数をかきましょう。
① 0.1 L の 5 こ分は 0.5 L　　② 1.7 L は、0.1 L の 17 こ分
③ 3dL は 0.3 L　　④ 90 cm は 0.9 m
⑤ 1m 40 cm は 1.4 m　　⑥ 3800 m は 3.8 km

2 ◻ にあてはまる数をかきましょう。
① 0.1 を 23 こ集めた数は 2.3 です。
4.6 は小数だけれど、整数と小数の部分に分けられるよ。
② 4.6 は、1 を 4 ことと 0.1 を 6 こあわせた数です。
　また、4.6 は、0.1 を 46 こ集めた数です。
③ 8 は、0.1 を 80 こ集めた数です。
④ 3.6 は、0.1 を 36 こ集めた数です。

3 次の数の大小を、不等号を使って式にかきましょう。
① 0.8　0.5　　② 1.3　0.7　　③ 3.6　4.2
（ 0.8＞0.5 ）　（ 1.3＞0.7 ）　（ 3.6＜4.2 ）

ヒント ③ 小数も整数と同じように、数直線の上に表すことができます。右へいくほど大きくなるのは、小数のときも同じです。

56

答え 29ページ

れいだい
★2.5＋0.8、2.5－0.8 をそれぞれもとめましょう。
とき方 2.5 は 0.1 が 25 こ、0.8 は 0.1 が 8 こ、あわせると、0.1 が 33 こになるから、
　2.5＋0.8＝3.3
　また、ひくと、0.1 が 17 こになるから、
　2.5－0.8＝1.7

◀0.1 があわせて何こ分、ひくと何こ分あるかを考えていきます。

1 たし算をしましょう。
① 0.1＋0.2 ＝0.3　　② 0.2＋0.4 ＝0.6　　③ 0.5＋0.2 ＝0.7　　④ 0.2＋0.6 ＝0.8
⑤ 0.8＋0.1 ＝0.9　　⑥ 0.7＋0.3 ＝1　　⑦ 1.4＋0.3 ＝1.7　　⑧ 3.2＋0.6 ＝3.8
⑨ 1.4＋0.9 ＝2.3　　⑩ 0.8＋3.5 ＝4.3　　⑪ 4.7＋0.6 ＝5.3　　⑫ 2.6＋0.4 ＝3

2 ひき算をしましょう。
① 0.3－0.2 ＝0.1　　② 0.8－0.5 ＝0.3　　③ 0.7－0.4 ＝0.3　　④ 0.9－0.7 ＝0.2
⑤ 0.6－0.4 ＝0.2　　⑥ 1－0.2 ＝0.8　　⑦ 1.5－0.6 ＝0.9　　⑧ 4.7－0.9 ＝3.8
⑨ 2.4－0.6 ＝1.8　　⑩ 3.2－0.5 ＝2.7　　⑪ 4－0.5 ＝3.5　　⑫ 7.2－0.2 ＝7

ヒント ① ⑥ 小数第 1 位（1/10 の位）の数が 0 になったときは、その 0 と小数点をとりましょう。

57

1 ③ 1dL＝0.1 L より、0.1 L が 3 こ分です。
⑥100 m＝0.1 km より、3800 m は 0.1 km が 38 こ分です。

2 ③0.1 を 10 こ集めると 1 になるから、8 は、0.1 を 80 こ集めた数です。

3 ③3.6 は 0.1 を 36 こ集めた数、4.2 は、0.1 を 42 こ集めた数だから、4.2 のほうが大きいです。不等号の向きにも気をつけましょう。

1 0.1 が何こ分あるかで考えます。
⑥0.7 は 0.1 が 7 こ、0.3 は 0.1 が 3 こ、あわせると、7＋3＝10 より、0.1 が 10 こになるから、0.7＋0.3＝1.0 このとき、小数点と 0 をとって、答えは 1 とします。

2 ⑥1 は 0.1 が 10 こ、0.2 は 0.1 が 2 こ、ひくと、10－2＝8 より、0.1 が 8 こになるから、1－0.2＝0.8

答え 30ページ

れいだい ★4.2＋2.6 を筆算でしましょう。

とき方
```
  4.2
＋2.6
  6.8
```
① 位をたてにそろえてかきます。
② 整数のたし算と同じように計算します。
③ 上の小数点にそろえて答えの小数点をうちます。

💡 ◀整数のときの筆算と同じように、位をたてにきちんとそろえます。

❶ 計算をしましょう。

①
```
  4.6
＋2.7
  7.3
```
②
```
    6
＋3.8
  9.8
```

②6は 6.0 と考えて計算しよう。

❷ 次の計算を筆算でしましょう。

① 0.3＋0.6
```
  0.3
＋0.6
  0.9
```
② 1.2＋2.3
```
  1.2
＋2.3
  3.5
```
③ 3.5＋3.4
```
  3.5
＋3.4
  6.9
```
④ 5.1＋4.8
```
  5.1
＋4.8
  9.9
```

⑤ 0.4＋0.7
```
  0.4
＋0.7
  1.1
```
⑥ 4.3＋1.9
```
  4.3
＋1.9
  6.2
```
⑦ 6.4＋2.7
```
  6.4
＋2.7
  9.1
```
⑧ 7＋3.7
```
    7
＋3.7
 10.7
```

⑨ 6.2＋8
```
  6.2
＋8
 14.2
```
⑩ 5.3＋4.7
```
  5.3
＋4.7
 10.0
```

┿─ 計算に強くなる！ ✕÷
小数点をそろえて計算します。答えが整数になったときは、小数点と0をとっておこう。

●ヒント ❷ ⑧ 7は 7.0 と考えて計算しましょう。

58

答え 30ページ

れいだい ★5.8－3.2 を筆算でしましょう。

とき方
```
  5.8
－3.2
  2.6
```
① 位をたてにそろえてかきます。
② 整数のひき算と同じように計算します。
③ 上の小数点にそろえて答えの小数点をうちます。

💡 ◀整数のときの筆算と同じように、位をたてにきちんとそろえます。

❶ 計算をしましょう。

①
```
  4.3
－2.8
  1.5
```
②
```
  3.3
－2.9
  0.4
```

```
  1.5
－0.8
  0.7
```
のように、0をかくのをわすれないようにしよう。

❷ 次の計算を筆算でしましょう。

① 0.9－0.4
```
  0.9
－0.4
  0.5
```
② 2.6－1.2
```
  2.6
－1.2
  1.4
```
③ 8.7－2.3
```
  8.7
－2.3
  6.4
```
④ 3.8－1.2
```
  3.8
－1.2
  2.6
```

⑤ 4.3－0.5
```
  4.3
－0.5
  3.8
```
⑥ 7.2－5.8
```
  7.2
－5.8
  1.4
```
⑦ 4－1.7
```
    4
－1.7
  2.3
```
⑧ 8－2.4
```
    8
－2.4
  5.6
```

⑨ 6.9－2.9
```
  6.9
－2.9
  4.0
```
⑩ 5.4－4.6
```
  5.4
－4.6
  0.8
```

┿─ 計算に強くなる！ ✕÷
一の位の数が0になったときには、0をかきたしておこう。

●ヒント ❷ ⑨ 答えの小数第1位（1/10 の位）が0のときは、小数点と0をとりましょう。

59

---

58 ページ

❶ ②6は、6.0 と考えて計算します。

❷ 筆算をするときは、位をたてにそろえてかき、答えの小数点をうつのをわすれないようにしましょう。

⑧7は 7.0 と考えて、7と3がたてにそろうようにかきましょう。

⑩の筆算は、10.0 となりますが、小数点と0をとって、答えを 10 にしましょう。

59 ページ

❶ ②一の位の計算が0になるから、0をかくのをわすれないようにしましょう。

❷ ⑦4は 4.0 と考えて計算します。

⑨小数点と0をとります。

⑩一の位の0をわすれないようにしましょう。

🏠 **おうちのかたへ**
整数－小数、小数－整数を筆算でする場合、位のそろえ方をまちがえやすいので、注意して見てあげてください。

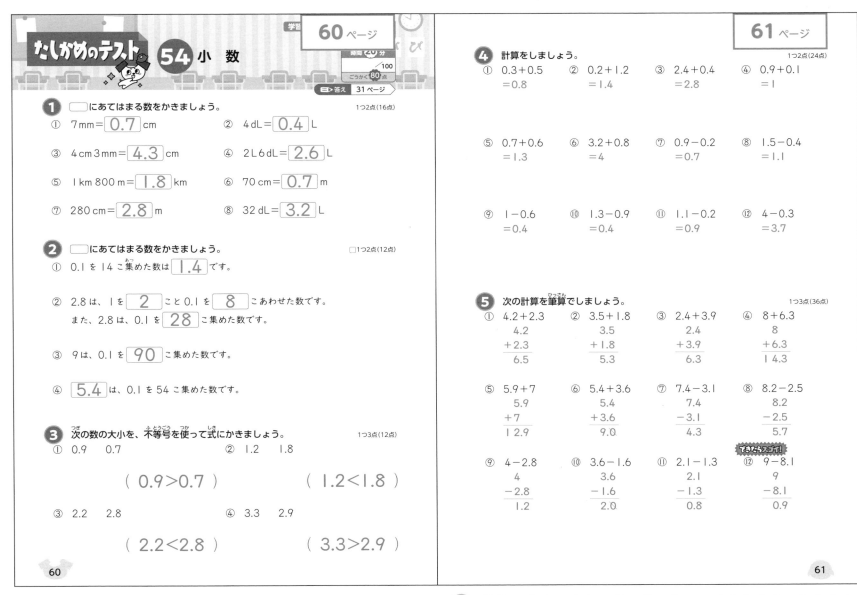

たしかめのテスト 54 小 数

時間 20分 /100
ごうかく 80点

答え 31 ページ

1 □にあてはまる数をかきましょう。　　1つ2点(16点)

① 7mm = [0.7] cm
② 4dL = [0.4] L
③ 4cm3mm = [4.3] cm
④ 2L6dL = [2.6] L
⑤ 1km800m = [1.8] km
⑥ 70cm = [0.7] m
⑦ 280cm = [2.8] m
⑧ 32dL = [3.2] L

2 □にあてはまる数をかきましょう。　　□1つ2点(12点)

① 0.1を14こ集めた数は [1.4] です。

② 2.8は、1を [2] ことと0.1を [8] こあわせた数です。
また、2.8は、0.1を [28] こ集めた数です。

③ 9は、0.1を [90] こ集めた数です。

④ [5.4] は、0.1を54こ集めた数です。

3 次の数の大小を、不等号を使って式にかきましょう。　　1つ3点(12点)

① 0.9　0.7
② 1.2　1.8

(0.9>0.7)　　　　(1.2<1.8)

③ 2.2　2.8
④ 3.3　2.9

(2.2<2.8)　　　　(3.3>2.9)

60

---

4 計算をしましょう。　　1つ2点(24点)

① 0.3+0.5 =0.8
② 0.2+1.2 =1.4
③ 2.4+0.4 =2.8
④ 0.9+0.1 =1

⑤ 0.7+0.6 =1.3
⑥ 3.2+0.8 =4
⑦ 0.9-0.2 =0.7
⑧ 1.5-0.4 =1.1

⑨ 1-0.6 =0.4
⑩ 1.3-0.9 =0.4
⑪ 1.1-0.2 =0.9
⑫ 4-0.3 =3.7

5 次の計算を筆算でしましょう。　　1つ3点(36点)

① 4.2+2.3
　4.2
　+2.3
　6.5

② 3.5+1.8
　3.5
　+1.8
　5.3

③ 2.4+3.9
　2.4
　+3.9
　6.3

④ 8+6.3
　8
　+6.3
　14.3

⑤ 5.9+7
　5.9
　+7
　12.9

⑥ 5.4+3.6
　5.4
　+3.6
　9.0

⑦ 7.4-3.1
　7.4
　-3.1
　4.3

⑧ 8.2-2.5
　8.2
　-2.5
　5.7

⑨ 4-2.8
　4
　-2.8
　1.2

⑩ 3.6-1.6
　3.6
　-1.6
　2.0

⑪ 2.1-1.3
　2.1
　-1.3
　0.8

⑫ 9-8.1 できたらスゴイ!
　9
　-8.1
　0.9

61

60ページ

1 ②1dL=0.1Lより、0.1Lが4こ分です。
⑤100m=0.1kmより、0.1kmが18こ分です。

2 ③0.1を10こ集めた数が1だから、9は0.1を90こ集めた数になります。
④0.1を10こ集めた数が1だから、0.1を54こ集めた数は5.4です。

3 まず、整数部分で大きさをくらべ、整数部分が同じときは、小数部分でくらべます。

61ページ

4 0.1の何こ分と考えて計算します。
④0.1の(9+1=)10こ分です。0.1の10こ分は1だから、1.0とせずに、小数点と0をとって1とします。

5 ⑫9は9.0と考えて9と8がたてにそろうようにかきます。
一の位の0をかくのをわすれないようにしましょう。

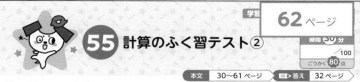

55 計算のふく習テスト②

時間 30分
100
ごうかく 80点

本文　30〜61 ページ　答え　32 ページ

1 次の計算を暗算でしましょう。 1つ2点(12点)
① 32+45=77　② 59+26=85　③ 48+54=102

④ 78−26=52　⑤ 61−38=23　⑥ 100−52=48

2 次の計算をしましょう。 1つ2点(16点)
① 19÷4=4あまり3　② 38÷5=7あまり3　③ 49÷9=5あまり4

④ 35÷8=4あまり3　⑤ 41÷6=6あまり5　⑥ 20÷3=6あまり2

⑦ 37÷7=5あまり2　⑧ 27÷4=6あまり3

3 かけ算をしましょう。 1つ3点(18点)
① 30×2=60　② 90×7=630

③ 50×4=200　④ 300×6=1800

⑤ 600×9=5400　⑥ 500×8=4000

62

---

4 かけ算をしましょう。 1つ3点(18点)

①　24
× 3
72

②　72
× 3
216

③　56
× 7
392

④　68
× 8
544

⑤　48
× 7
336

⑥　26
× 4
104

5 かけ算をしましょう。 1つ2点(18点)

①　123
× 4
492

②　227
× 3
681

③　162
× 4
648

④　273
× 3
819

⑤　519
× 6
3114

⑥　276
× 8
2208

⑦　437
× 6
2622

⑧　349
× 7
2443

⑨　126
× 8
1008

6 次の計算を筆算でしましょう。 1つ2点(18点)

① 3.4+2.3
3.4
+2.3
5.7

② 4.8+1.5
4.8
+1.5
6.3

③ 7+5.4
7
+5.4
12.4

④ 6.2+3.8
6.2
+3.8
10.0

⑤ 8.6−2.1
8.6
−2.1
6.5

⑥ 6.1−3.4
6.1
−3.4
2.7

⑦ 6−4.5
6
−4.5
1.5

⑧ 7.2−6.8
7.2
−6.8
0.4

⑨ 7−6.3
7
−6.3
0.7

63

---

1 ③54 を、50 と4 に分けます。
48+50=98
98+4=102
⑥52 を、50 と2 に分けます。
100−50=50
50−2=48

2 わり算のあまりが、わる数より小さくなっているかをかくにんしましょう。

3 10 が何こになるか、100 が何こになるかを考えて計算します。
②90×7は、10 が(9×7)こで630です。

4 一の位からじゅんに計算します。くり上げた数をたすのをわすれないようにしましょう。

5 けた数がふえても、計算のしかたは同じです。くり上がりに気をつけて計算しましょう。

6 位をたてにそろえてかきましょう。
③7は 7.0 と考えて、7と5がたてにそろうようにかきましょう。

32

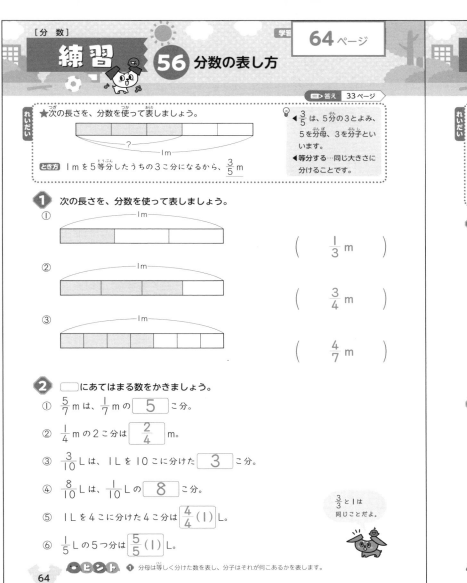

答え 33ページ

れいだい ★次の長さを、分数を使って表しましょう。

とき方 1mを5等分したうちの3こ分になるから、$\frac{3}{5}$ m

💡 $\frac{3}{5}$ は、5分の3とよみ、5を分母、3を分子といいます。

◀等分する…同じ大きさに分けることです。

❶ 次の長さを、分数を使って表しましょう。

① （　$\frac{1}{3}$ m　）

② （　$\frac{3}{4}$ m　）

③ （　$\frac{4}{7}$ m　）

❷ □にあてはまる数をかきましょう。

① $\frac{5}{7}$ m は、$\frac{1}{7}$ m の　5　こ分。

② $\frac{1}{4}$ m の2こ分は　$\frac{2}{4}$　m。

③ $\frac{3}{10}$ L は、1L を 10 こに分けた　3　こ分。

④ $\frac{8}{10}$ L は、$\frac{1}{10}$ L の　8　こ分。

⑤ 1L を4こに分けた4こ分は　$\frac{4}{4}$（1）　L。

⑥ $\frac{1}{5}$ L の5つ分は　$\frac{5}{5}$（1）　L。

$\frac{3}{3}$ と1は同じことだよ。

❶ヒント ❶ 分母は等しく分けた数を表し、分子はそれが何こあるかを表します。

64

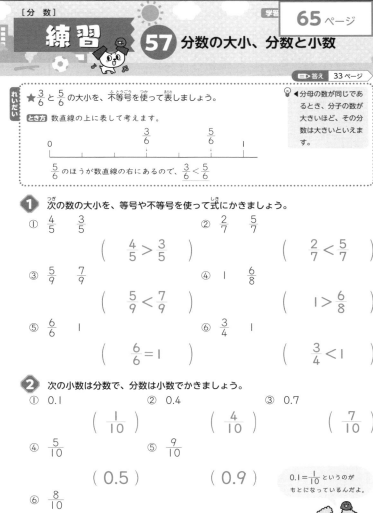

答え 33ページ

れいだい ★$\frac{3}{6}$ と $\frac{5}{6}$ の大小を、不等号を使って表しましょう。

とき方 数直線の上に表して考えます。

$\frac{5}{6}$ のほうが数直線の右にあるので、$\frac{3}{6} < \frac{5}{6}$

💡 分母の数が同じであるとき、分子の数が大きいほど、その分数は大きいといえます。

❶ 次の数の大小を、等号や不等号を使って式にかきましょう。

① $\frac{4}{5}$　$\frac{3}{5}$　（　$\frac{4}{5} > \frac{3}{5}$　）

② $\frac{2}{7}$　$\frac{5}{7}$　（　$\frac{2}{7} < \frac{5}{7}$　）

③ $\frac{5}{9}$　$\frac{7}{9}$　（　$\frac{5}{9} < \frac{7}{9}$　）

④ 1　$\frac{6}{8}$　（　$1 > \frac{6}{8}$　）

⑤ $\frac{6}{6}$　1　（　$\frac{6}{6} = 1$　）

⑥ $\frac{3}{4}$　1　（　$\frac{3}{4} < 1$　）

❷ 次の小数は分数で、分数は小数でかきましょう。

① 0.1　（　$\frac{1}{10}$　）

② 0.4　（　$\frac{4}{10}$　）

③ 0.7　（　$\frac{7}{10}$　）

④ $\frac{5}{10}$　（　0.5　）

⑤ $\frac{9}{10}$　（　0.9　）

⑥ $\frac{8}{10}$　（　0.8　）

0.1＝$\frac{1}{10}$ というのがもとになっているんだよ。

❶ヒント ＝を等号、＞、＜を不等号といいます。分母と分子の数が同じである分数は、1になります。

65

64ページ

❶ ①1mを3等分したうちの1こ分だから、$\frac{1}{3}$ m です。

②$\frac{1}{4}$ m の3こ分だから $\frac{3}{4}$ m です。

❷ ⑤$\frac{1}{4}$ が4こ集まると $\frac{4}{4}$ になり、1になります。分数の分母と分子が同じ数のときは、いつも1になります。

65ページ

❶ 分母の数が同じとき、分子の数が大きいほうが大きい数です。

④の1は $\frac{8}{8}$、⑤の1は $\frac{6}{6}$、⑥の1は $\frac{4}{4}$ としてくらべます。

❷ $0.1 = \frac{1}{10}$ をもとにして考えます。

おうちのかたへ
0.1 も $\frac{1}{10}$ も、1を10等分したうちの1つ分の数であることを理解させましょう。あとの学年の学習につながります。

答え 34ページ

れいだい ★ $\frac{3}{7}+\frac{2}{7}$、$\frac{6}{7}-\frac{2}{7}$ の計算をしましょう。

とき方
・$\frac{3}{7}+\frac{2}{7}$…$\frac{1}{7}$ が(3+2)こで $\frac{5}{7}$、$\frac{3}{7}+\frac{2}{7}=\frac{5}{7}$
・$\frac{6}{7}-\frac{2}{7}$…$\frac{1}{7}$ が(6-2)こで $\frac{4}{7}$、$\frac{6}{7}-\frac{2}{7}=\frac{4}{7}$

◀分母が同じ分数のたし算、ひき算では、分母はそのままにして、分子だけを計算します。分母と分子が同じときは、1とします。

1 □にあてはまる数をかきましょう。

① $\frac{4}{9}+\frac{1}{9}$

$\frac{1}{9}$ が($\boxed{4}$+$\boxed{1}$)こで $\boxed{\frac{5}{9}}$
$\frac{4}{9}+\frac{1}{9}=\boxed{\frac{5}{9}}$

② $\frac{7}{9}-\frac{2}{9}$

$\frac{1}{9}$ が($\boxed{7}$-$\boxed{2}$)こで $\boxed{\frac{5}{9}}$
$\frac{7}{9}-\frac{2}{9}=\boxed{\frac{5}{9}}$

分数のたし算やひき算は、分子のたし算やひき算だ!!

2 次の計算をしましょう。

① $\frac{1}{4}+\frac{2}{4}=\frac{3}{4}$

② $\frac{2}{7}+\frac{4}{7}=\frac{6}{7}$

③ $\frac{3}{9}+\frac{2}{9}=\frac{5}{9}$

④ $\frac{3}{8}+\frac{4}{8}=\frac{7}{8}$

⑤ $\frac{1}{6}+\frac{5}{6}=1$

⑥ $\frac{7}{10}+\frac{3}{10}=1$

⑦ $\frac{5}{7}-\frac{2}{7}=\frac{3}{7}$

⑧ $\frac{4}{5}-\frac{3}{5}=\frac{1}{5}$

⑨ $\frac{4}{9}-\frac{2}{9}=\frac{2}{9}$

⑩ $\frac{5}{6}-\frac{4}{6}=\frac{1}{6}$

⑪ $1-\frac{3}{8}=\frac{5}{8}$

⑫ $1-\frac{7}{10}=\frac{3}{10}$

 ヒント **2** ⑪ $1-\frac{3}{8}=\frac{8}{8}-\frac{3}{8}$ と考えましょう。

66

時間 20分　ごうかく80点　100

答え 34ページ

1 □にあてはまる数をかきましょう。
1つ5点(15点)

① $\frac{4}{10}$ L は、1L を 10 こに分けた $\boxed{4}$ こ分。

② $\frac{1}{7}$ m の $\boxed{6}$ こ分は $\frac{6}{7}$ m。

③ $\frac{6}{10}$ m は、1m を 10 こに分けた $\boxed{6}$ こ分。

2 次の数の大小を、等号や不等号を使って式にかきましょう。
1つ5点(25点)

① $\frac{5}{6}$　$\frac{3}{6}$
（ $\frac{5}{6} > \frac{3}{6}$ ）

② 0.9　$\frac{5}{10}$
（ $0.9 > \frac{5}{10}$ ）

③ 1　$\frac{5}{5}$
（ $1 = \frac{5}{5}$ ）

④ $\frac{3}{8}$　$\frac{7}{8}$
（ $\frac{3}{8} < \frac{7}{8}$ ）

⑤ $\frac{6}{7}$　1
（ $\frac{6}{7} < 1$ ）

3 次の計算をしましょう。
1つ5点(60点)

① $\frac{2}{6}+\frac{3}{6}=\frac{5}{6}$

② $\frac{2}{10}+\frac{5}{10}=\frac{7}{10}$

③ $\frac{2}{8}+\frac{5}{8}=\frac{7}{8}$

④ $\frac{1}{9}+\frac{4}{9}=\frac{5}{9}$

⑤ $\frac{3}{7}+\frac{4}{7}=\frac{7}{7}=1$

⑥ $\frac{1}{4}+\frac{3}{4}=\frac{4}{4}=1$

⑦ $\frac{7}{8}-\frac{2}{8}=\frac{5}{8}$

⑧ $\frac{9}{10}-\frac{5}{10}=\frac{4}{10}$

⑨ $\frac{4}{6}-\frac{3}{6}=\frac{1}{6}$

⑩ $\frac{3}{5}-\frac{1}{5}=\frac{2}{5}$

⑪ $1-\frac{5}{9}=\frac{9}{9}-\frac{5}{9}=\frac{4}{9}$

⑫ $1-\frac{5}{7}=\frac{7}{7}-\frac{5}{7}=\frac{2}{7}$

67

66ページ

1 分母はそのままで、分子だけをたしたり、ひいたりします。

2 答えの分母と分子が同じときは1とします。

⑤ $\frac{1}{6}+\frac{5}{6}=\frac{6}{6}=1$

ひかれる数が1のとき、ひく数と同じ分母で1を表す分数にします。

⑪ $1-\frac{3}{8}=\frac{8}{8}-\frac{3}{8}=\frac{5}{8}$

67ページ

2 ①分母が同じ分数では、分子が大きいほうが大きい数です。

②小数か分数のどちらかにそろえて数の大小をくらべます。

$0.9=\frac{9}{10}$ とするか、$\frac{5}{10}=0.5$ とするかのどちらかです。

⑤ $1=\frac{7}{7}$ として大小をくらべます。

3 ⑤答えの分母と分子が同じときは1とします。
⑪ひかれる数が1のとき、ひく数と同じ分母で1を表す分数にします。

34

練習 60 何十をかけるかけ算

答え 35ページ

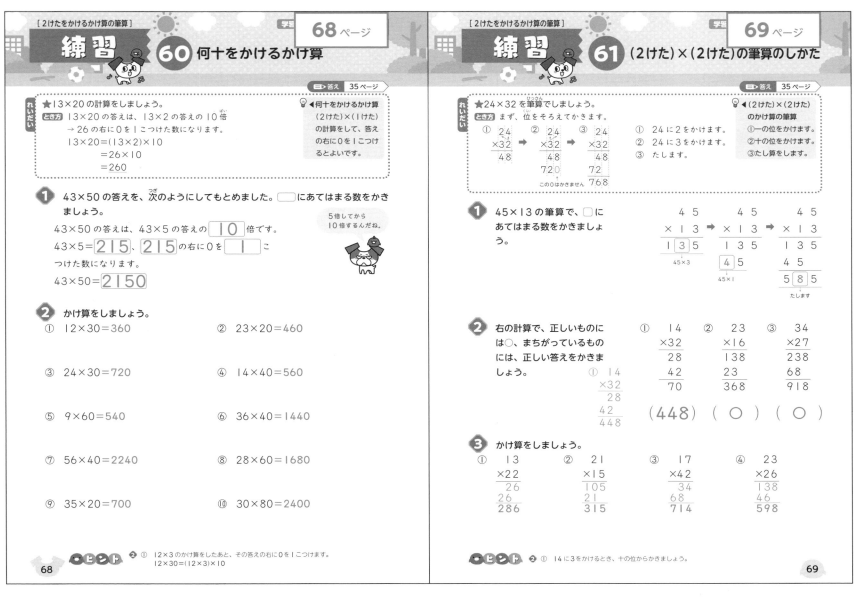

れいだい ★13×20 の計算をしましょう。

とき方 13×20 の答えは、13×2 の答えの 10 倍
→ 26 の右に 0 を 1 こつけた数になります。
13×20＝(13×2)×10
　　　　＝26×10
　　　　＝260

◀何十をかけるかけ算
（2けた）×（1けた）
の計算をして、答え
の右に 0 を 1 つけ
るとよいです。

❶ 43×50 の答えを、次のようにしてもとめました。□にあてはまる数をかきましょう。

5倍してから10倍するんだね。

43×50 の答えは、43×5 の答えの **10** 倍です。
43×5＝**215**、**215** の右に 0 を **1** こ
つけた数になります。
43×50＝**2150**

❷ かけ算をしましょう。
① 12×30＝**360**　　② 23×20＝**460**

③ 24×30＝**720**　　④ 14×40＝**560**

⑤ 9×60＝**540**　　⑥ 36×40＝**1440**

⑦ 56×40＝**2240**　　⑧ 28×60＝**1680**

⑨ 35×20＝**700**　　⑩ 30×80＝**2400**

◆ヒント ❷ ① 12×3のかけ算をしたあと、その答えの右に0を1つけます。
12×30＝(12×3)×10

68

練習 61 （2けた）×（2けた）の筆算のしかた

答え 35ページ

れいだい ★24×32 を筆算でしましょう。

とき方 まず、位をそろえてかきます。

① 24 × 32 ＝ 48　② 24 × 32 ＝ 48 720　③ 24 × 32 ＝ 48 72 768

この0はかきません

① 24 に 2 をかけます。
② 24 に 3 をかけます。
③ たします。

◀（2けた）×（2けた）
のかけ算の筆算
①一の位をかけます。
②十の位をかけます。
③たし算をします。

❶ 45×13 の筆算で、□にあてはまる数をかきましょう。

4 5 × 1 3 → 4 5 × 1 3　1 **3** 5　45×3 → 4 5 × 1 3　1 3 5　**4** 5　45×1 → 4 5 × 1 3　1 3 5　4 5　5 **8** 5　たします

❷ 右の計算で、正しいものには○、まちがっているものには、正しい答えをかきましょう。

① 14 ×32 28 42 70
② 23 ×16 138 23 368
③ 34 ×27 238 68 918

① 14 ×32 28 42 448
（448）　（○）　（○）

❸ かけ算をしましょう。
① 13 ×22 26 26 286
② 21 ×15 105 21 315
③ 17 ×42 34 68 714
④ 23 ×26 138 46 598

◆ヒント ❷ ① 14に3をかけるとき、十の位からかきましょう。

69

---

68 ページ

❷ （2けた）×（1けた）の計算をしてから、答えの右に0を1こつけます。
①12×30の答えは、12×3の答えの 10 倍になります。
12×30
＝(12×3)×10
＝36×10＝360

69 ページ

❶ 一の位は、45×3 を計算します。
十の位は、45×1 を計算します。

❷ ①十の位の 14×3 の答えをかくところがまちがっています。
十の位の計算の答えは、十の位の下からかきはじめます。

❸ 一の位からじゅんに計算しましょう。

🏠 **おうちのかたへ**

かけ算の筆算では、十の位の計算の答えを一の位の計算の答えの下にそろえてかいてしまうまちがいが見られます。そのようなまちがいをしないように見てあげましょう。

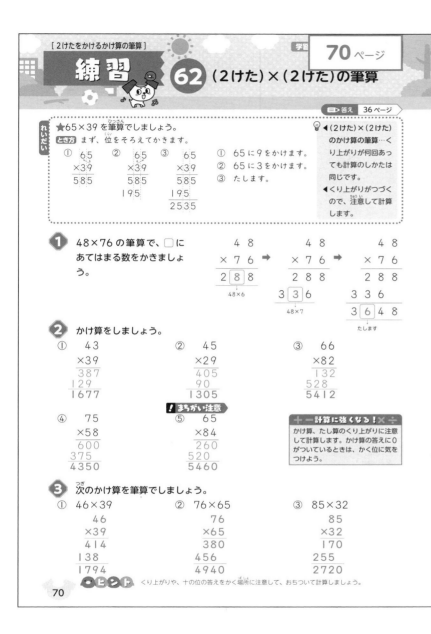

練習 62 （2けた）×（2けた）の筆算

答え 36ページ

れいだい ★65×39 を筆算でしましょう。

とき方 まず、位をそろえてかきます。

① 65
×39
585

② 65
×39
585
195

③ 65
×39
585
195
2535

① 65に9をかけます。
② 65に3をかけます。
③ たします。

💡◀（2けた）×（2けた）のかけ算の筆算…くり上がりが何回あっても計算のしかたは同じです。
◀くり上がりがつづくので、注意して計算します。

❶ 48×76の筆算で、□にあてはまる数をかきましょう。

48
×76
2 8 8
48×6
➡
48
×76
288
3 3 6
48×7
➡
48
×76
288
3 3 6
3 6 4 8
たします

❷ かけ算をしましょう。

① 43
×39
387
129
1677

② 45
×29
405
90
1305

③ 66
×82
132
528
5412

④ 75
×58
600
375
4350

⑤ 65
×84
260
520
5460

! まちがい注意

＋－**計算に強くなる！**×
かけ算、たし算のくり上がりに注意して計算します。かけ算の答えに0がついているときは、かく位に気をつけよう。

❸ 次のかけ算を筆算でしましょう。

① 46×39
46
×39
414
138
1794

② 76×65
76
×65
380
456
4940

③ 85×32
85
×32
170
255
2720

ヒント くり上がりや、十の位の答えをかく場所に注意して、おちついて計算しましょう。

70

練習 63 かけ算のくふう

答え 36ページ

れいだい ★① 26×40 ② 8×47 を筆算でしましょう。

とき方 ① 26×0＝0 → 一の位に0だけをかいて、26×4の答えを、十の位からかきはじめます。

② かけられる数とかける数を入れかえても答えは同じ→（2けた）×（1けた）のかけ算にできます。

① 26
×40
00
104
1040
➡
26
×40
1040

② 8
×47
56
32
376
➡
47
× 8
376

💡◀かけ算のくふう…
26×40の筆算は、00をかかずに1だんでかくことができます。
◀かけられる数とかける数を入れかえても、答えは同じになります。

❶ □にあてはまる数をかきましょう。

① 18
×20
3 6 0

② 58
×50
2 9 0 0

③ 76
×90
6 8 4 0

④ 5×69の筆算では、かけられる数とかける数を入れかえて、69× 5 とします。

69
× 5
3 4 5

（2けた）×（1けた）にすると、筆算を2かいだてにしなくていいから、かんたんだよ。

❷ かけ算をしましょう。④、⑤、⑥は、筆算でしましょう。

① 17
×50
850

② 38
×40
1520

③ 56
×20
1120

④ 3×45
45
× 3
135

⑤ 6×38
38
× 6
228

⑥ 9×24
24
× 9
216

ヒント ❷ ①～③　一の位に0だけをかいて、十の位の計算の答えを十の位からかきましょう。

71

---

❶ 一の位は、48×6を計算します。十の位は、48×7を計算します。

❷ 一の位からじゅんに計算します。
⑤一の位は、65×4を計算します。十の位は、65×8を計算します。それぞれの答えをたします。

❸ 位をたてにそろえてかきましょう。

❶ かける数が何十のときは、一の位に0だけをかいて、十の位からかきはじめます。

❷ ①～③一の位に0だけをかいて、十の位からかきはじめましょう。
④～⑥の筆算は、（2けた）×（1けた）にしたほうが、かんたんです。
④45×3とします。
⑤38×6とします。
⑥24×9とします。

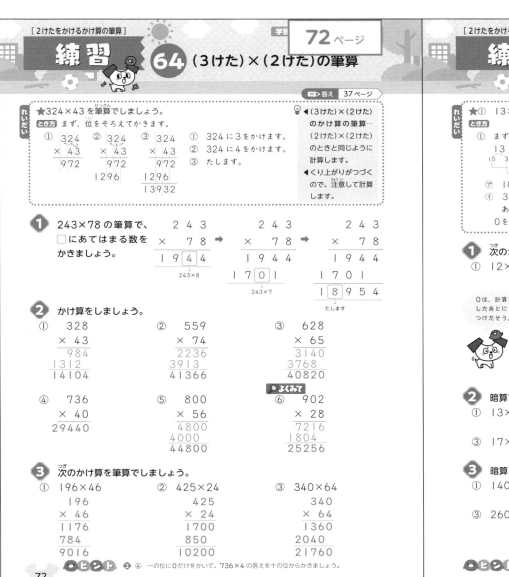

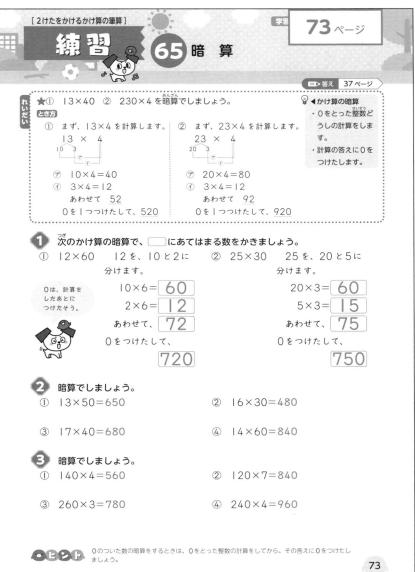

72ページ

1 一の位は、243×8 を計算します。十の位は、243×7 を計算します。

2 一の位からじゅんに計算します。

⑥一の位は、902×8 を計算します。十の位は、902×2 を計算します。それぞれの答えをたします。

3 位をたてにそろえてかきましょう。

73ページ

1 かけられる数を何十と1けたの数に分けて計算し、答えに0をつけたします。

2 ①まず、13×5 を計算します。13 を 10 と 3 に分けます。
10×5＝50、
3×5＝15、
50＋15＝65
0を1つつけたして、650

3 ③まず、26×3 を計算します。26 を 20 と 6 に分けます。
20×3＝60、6×3＝18、60＋18＝78
0を1つつけたして、780

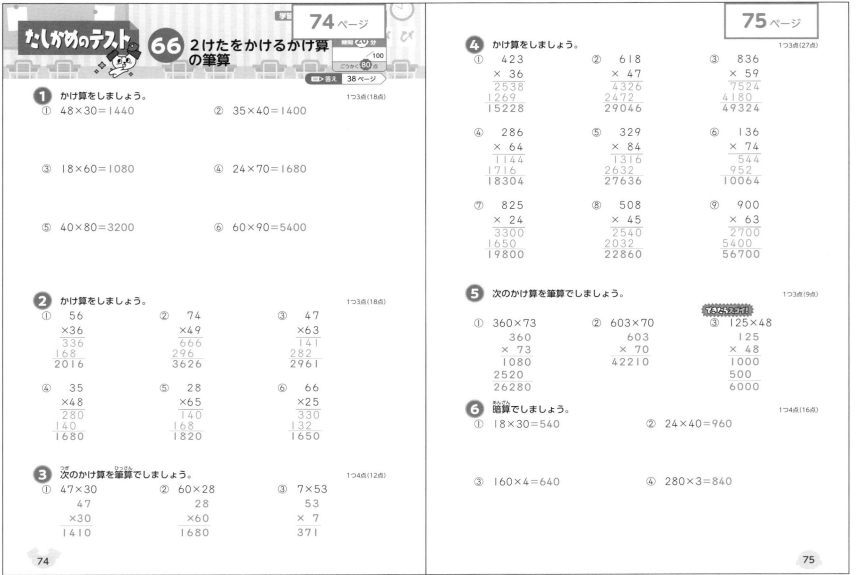

たしかめのテスト **66** 2けたをかけるかけ算の筆算

学習 **74**ページ

時間 20分

ごうかく **80**点 / 100

答え 38ページ

1 かけ算をしましょう。 1つ3点(18点)

① 48×30=1440

② 35×40=1400

③ 18×60=1080

④ 24×70=1680

⑤ 40×80=3200

⑥ 60×90=5400

2 かけ算をしましょう。 1つ3点(18点)

①
```
   56
×  36
  336
 168
 2016
```

②
```
   74
×  49
  666
 296
 3626
```

③
```
   47
×  63
  141
 282
 2961
```

④
```
   35
×  48
  280
 140
 1680
```

⑤
```
   28
×  65
  140
 168
 1820
```

⑥
```
   66
×  25
  330
 132
 1650
```

3 次のかけ算を筆算でしましょう。 1つ4点(12点)

①
```
 47×30
   47
×  30
 1410
```

②
```
 60×28
   28
×  60
 1680
```

③
```
 7×53
   53
×   7
  371
```

4 かけ算をしましょう。 1つ3点(27点)

①
```
  423
×  36
 2538
1269
15228
```

②
```
  618
×  47
 4326
2472
29046
```

③
```
  836
×  59
 7524
4180
49324
```

④
```
  286
×  64
 1144
1716
18304
```

⑤
```
  329
×  84
 1316
2632
27636
```

⑥
```
  136
×  74
  544
 952
10064
```

⑦
```
  825
×  24
 3300
1650
19800
```

⑧
```
  508
×  45
 2540
2032
22860
```

⑨
```
  900
×  63
 2700
5400
56700
```

5 次のかけ算を筆算でしましょう。 1つ3点(9点)

できたらスゴイ!

①
```
 360×73
    360
×   73
  1080
 2520
 26280
```

②
```
 603×70
    603
×   70
  42210
```

③
```
 125×48
    125
×   48
  1000
  500
 6000
```

6 暗算でしましょう。 1つ4点(16点)

① 18×30=540

② 24×40=960

③ 160×4=640

④ 280×3=840

74

75

74ページ

❶ ①48×3の計算をしてから、0を1つつけたしします。
⑤4×8の計算をしてから、0を2つつけたします。

❷ かけ算、たし算のくり上がりに気をつけて計算しましょう。

❸ ①、②一の位に0だけをかいて、十の位からかきはじめましょう。
③かけられる数とかける数を入れかえて、53×7にしたほうがかんたんです。

75ページ

❹ けた数が多くなっても、計算のしかたは同じです。かけ算やたし算でのくり上がりに気をつけて計算しましょう。

❺ ②一の位に0だけをかいて、十の位からかきはじめます。

❻ ③まず、16×4を計算します。16を10と6に分けます。
10×4=40、6×4=24、40+24=64
0を1つつけたして、640

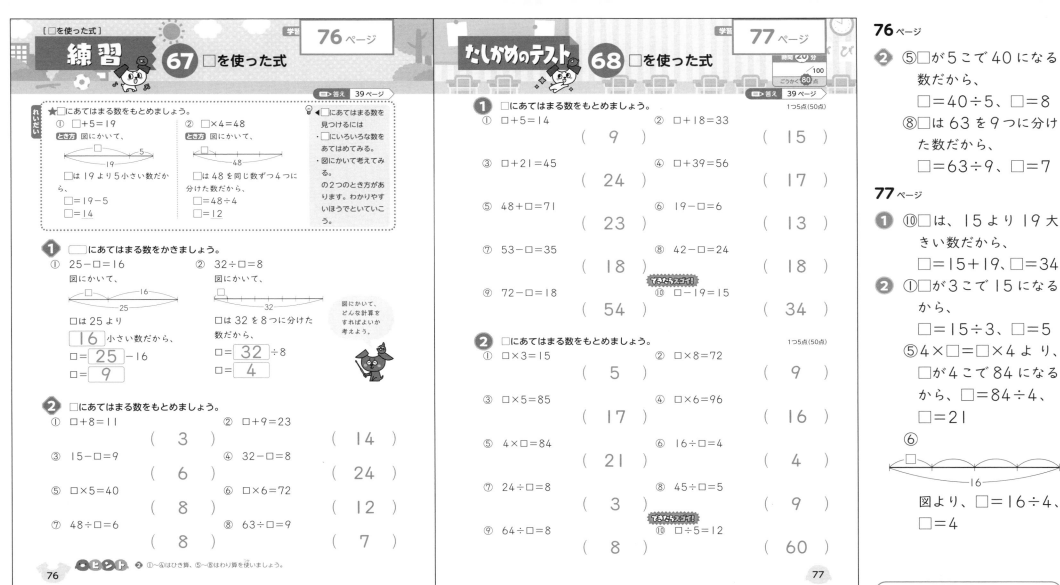

答え 39ページ

れいだい
★□にあてはまる数をもとめましょう。

① □+5=19
とき方 図にかいて、

□は 19 より 5 小さい数だから、
□=19-5
□=14

② □×4=48
とき方 図にかいて、

□は 48 を同じ数ずつ 4 つに分けた数だから、
□=48÷4
□=12

◀□にあてはまる数を見つけるには
・□にいろいろな数をあてはめてみる。
・図にかいて考えてみる。
の2つのとき方があります。わかりやすいほうでといていこう。

1 □にあてはまる数をかきましょう。

① 25-□=16
図にかいて、

□は 25 より
16 小さい数だから、
□= 25 -16
□= 9

② 32÷□=8
図にかいて、

□は 32 を 8 つに分けた数だから、
□= 32 ÷8
□= 4

図にかいて、どんな計算をすればよいか考えよう。

2 □にあてはまる数をもとめましょう。

① □+8=11 (3)
② □+9=23 (14)
③ 15-□=9 (6)
④ 32-□=8 (24)
⑤ □×5=40 (8)
⑥ □×6=72 (12)
⑦ 48÷□=6 (8)
⑧ 63÷□=9 (7)

●ヒント 2 ①〜④はひき算、⑤〜⑧はわり算を使いましょう。

76

答え 39ページ

1 □にあてはまる数をもとめましょう。 1つ5点(50点)

① □+5=14 (9)
② □+18=33 (15)
③ □+21=45 (24)
④ □+39=56 (17)
⑤ 48+□=71 (23)
⑥ 19-□=6 (13)
⑦ 53-□=35 (18)
⑧ 42-□=24 (18)
⑨ 72-□=18 (54)
⑩ □-19=15 (34)

できたらスゴイ!

2 □にあてはまる数をもとめましょう。 1つ5点(50点)

① □×3=15 (5)
② □×8=72 (9)
③ □×5=85 (17)
④ □×6=96 (16)
⑤ 4×□=84 (21)
⑥ 16÷□=4 (4)
⑦ 24÷□=8 (3)
⑧ 45÷□=5 (9)
⑨ 64÷□=8 (8)
⑩ □÷5=12 (60)

できたらスゴイ!

77

---

2 ⑤□が 5 こで 40 になる数だから、
□=40÷5、□=8
⑧□は 63 を 9 つに分けた数だから、
□=63÷9、□=7

1 ⑩□は、15 より 19 大きい数だから、
□=15+19、□=34

2 ①□が 3 こで 15 になるから、
□=15÷3、□=5
⑤4×□=□×4 より、□が 4 こで 84 になるから、□=84÷4、□=21
⑥

図より、□=16÷4、
□=4

🏠おうちのかたへ
□にあてはまる数をもとめるときは、□にいろいろな数をあてはめてみるか、図にかいて考えてみるか、お子さまのわかりやすいほうでやらせてください。

39

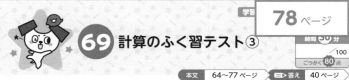

69 計算のふく習テスト③

❶ 計算をしましょう。　1つ5点(40点)

① $\dfrac{5}{9}+\dfrac{2}{9}=\dfrac{7}{9}$　② $\dfrac{2}{6}+\dfrac{1}{6}=\dfrac{3}{6}$　③ $\dfrac{2}{9}+\dfrac{7}{9}=1$

④ $\dfrac{2}{10}+\dfrac{8}{10}=1$　⑤ $\dfrac{6}{8}-\dfrac{1}{8}=\dfrac{5}{8}$　⑥ $\dfrac{9}{10}-\dfrac{4}{10}=\dfrac{5}{10}$

⑦ $1-\dfrac{2}{5}=\dfrac{3}{5}$　⑧ $1-\dfrac{1}{10}=\dfrac{9}{10}$

❷ かけ算をしましょう。　1つ5点(30点)

①
```
   18
  ×37
  126
   54
  666
```
②
```
   24
  ×49
  216
   96
 1176
```
③
```
   62
  ×28
  496
  124
 1736
```

④
```
   25
  ×24
  100
   50
  600
```
⑤
```
   76
  ×40
 3040
```
⑥
```
   82
  ×30
 2460
```

❸ かけ算をしましょう。　1つ5点(30点)

①
```
    256
  ×  38
   2048
    768
   9728
```
②
```
    324
  ×  67
   2268
   1944
  21708
```
③
```
    618
  ×  72
   1236
   4326
  44496
```

④
```
    345
  ×  48
   2760
   1380
  16560
```
⑤
```
    804
  ×  59
   7236
   4020
  47436
```
⑥
```
    400
  ×  83
   1200
   3200
  33200
```

まとめのテスト 70 3年生の計算のまとめ 1回目

❶ 次の計算をしましょう。　1つ4点(32点)

① $18÷3=6$　② $72÷8=9$　③ $26÷5$　④ $32÷9$
　　　　　　　　　　　　　　　　$=5$あまり1　$=3$あまり5

⑤
```
   329
  +245
   574
```
⑥
```
   783
  -529
   254
```
⑦
```
   4276
  +2357
   6633
```
⑧
```
   7231
  -3458
   3773
```

❷ 次の計算をしましょう。　1つ4点(32点)

①
```
    18
  ×  4
    72
```
②
```
    49
  ×  6
   294
```
③
```
   959
  ×  2
  1918
```
④
```
   328
  ×  7
  2296
```

⑤
```
    53
  ×28
   424
   106
  1484
```
⑥
```
    48
  ×25
   240
    96
  1200
```
⑦
```
    225
  ×  48
   1800
    900
  10800
```
⑧
```
    480
  ×  39
   4320
   1440
  18720
```

❸ 次の計算を筆算でしましょう。　1つ5点(20点)

① $2.6+1.9$
```
  2.6
 +1.9
  4.5
```
② $6.3+3.7$
```
  6.3
 +3.7
 10.0
```
③ $7.2-2.8$
```
  7.2
 -2.8
  4.4
```
④ $5-3.6$
```
  5
 -3.6
  1.4
```

❹ 次の計算をしましょう。　1つ4点(16点)

① $\dfrac{2}{5}+\dfrac{1}{5}=\dfrac{3}{5}$　② $\dfrac{3}{8}+\dfrac{5}{8}=1$　③ $\dfrac{4}{7}-\dfrac{2}{7}=\dfrac{2}{7}$　④ $1-\dfrac{2}{9}=\dfrac{7}{9}$

78ページ

❶ 分母が同じ分数の計算では、分子どうしをたしたり、ひいたりします。
答えの分母と分子が同じ数になったときは1としましょう。

③ $\dfrac{2}{9}+\dfrac{7}{9}=\dfrac{9}{9}=1$

ひかれる数が1のとき、ひく数と同じ分母で1を表す分数にしましょう。

⑦ $1-\dfrac{2}{5}=\dfrac{5}{5}-\dfrac{2}{5}=\dfrac{3}{5}$

❷、❸ かけ算やたし算でのくり上がりに気をつけて計算しましょう。

79ページ

❶ わり算では、わる数のだんの九九を使って計算します。

③、④あまりがわる数より小さくなっているかをかくにんしましょう。

❹ 分子どうしをたしたり、ひいたりしましょう。

② $\dfrac{3}{8}+\dfrac{5}{8}=\dfrac{8}{8}=1$

④ $1-\dfrac{2}{9}=\dfrac{9}{9}-\dfrac{2}{9}=\dfrac{7}{9}$

まとめの テスト **71** 3年生の計算のまとめ

2回目

学習 **80**ページ

時間 20分

/100

ごうかく **80**点

答え **41**ページ

1 次の計算をしましょう。 1つ4点(32点)

① 48÷6＝8　② 24÷4＝6

③ 58÷6
＝9 あまり 4

④ 42÷8
＝5 あまり 2

⑤ 　448
　＋397
　　845

⑥ 　624
　－487
　　137

⑦ 　6572
　＋ 328
　　6900

⑧ 　6580
　－　89
　　6491

2 次の計算をしましょう。 1つ4点(32点)

① 　19
　×　3
　　57

② 　83
　×　6
　498

③ 　563
　×　 2
　1126

④ 　604
　×　 7
　4228

⑤ 　21
　×89
　189
　168
　1869

⑥ 　95
　×40
　3800

⑦ 　409
　×　75
　2045
　2863
　30675

⑧ 　350
　×　84
　1400
　2800
　29400

3 次の計算を筆算でしましょう。 1つ5点(20点)

① 4.7＋3.5
　4.7
　＋3.5
　8.2

② 8.4＋1.6
　8.4
　＋1.6
　10.0

③ 7.1－2.5
　7.1
　－2.5
　4.6

④ 6－0.8
　6
　－0.8
　5.2

4 次の計算をしましょう。 1つ4点(16点)

① $\frac{5}{9}+\frac{2}{9}=\frac{7}{9}$　② $\frac{4}{7}+\frac{3}{7}=1$　③ $\frac{3}{4}-\frac{1}{4}=\frac{2}{4}$　④ $1-\frac{3}{10}=\frac{7}{10}$

この本の終わりにある「チャレンジテスト」をやってみよう！

80ページ

1 わり算では、わる数のだんの九九を使って計算します。

③、④あまりがわる数より小さくなっているかをかくにんしましょう。

2 かけ算やたし算でのくり上がりに気をつけて計算しましょう。

3 小数点をたてにそろえると位がそろいます。

②計算の答えが10.0となるから、小数点と0を消して、答えを10としましょう。

④6は6.0と考えて計算しましょう。

4 分子どうしをたしたり、ひいたりしましょう。

② $\frac{4}{7}+\frac{3}{7}=\frac{7}{7}=1$

④ $1-\frac{3}{10}=\frac{10}{10}-\frac{3}{10}=\frac{7}{10}$

🏠おうちのかたへ

3年生で学習した計算の総まとめです。苦手な計算があったら、ここでしっかりできるようにしてあげてください。

3年 チャレンジテスト①

名前

月　日

時間 40分　こうかく70点　／100

答え 42ページ

1 □にあてはまる数をかきましょう。　1つ2点(12点)

① $5 \times 4 = 5 \times 3 +$ 　5

② $3 \times 8 = 3 \times 9 -$ 　3

③ $4 \times 6 =$ 　6 　$\times 4$

④ 　6 　$\times 8 = 48$

⑤ $3 \times$ 　0 　$= 0$

⑥ 　10 　$\times 7 = 70$

2 かけ算をしましょう。　1つ2点(8点)

① $8 \times 0 = 0$　　② $0 \times 5 = 0$

③ $4 \times 10 = 40$　　④ $10 \times 9 = 90$

3 わり算をしましょう。　1つ2点(12点)

① $24 \div 3 = 8$　　② $42 \div 7 = 6$

③ $0 \div 9 = 0$　　④ $80 \div 2 = 40$

⑤ $48 \div 4 = 12$　　⑥ $64 \div 2 = 32$

4 次の計算を筆算でしましょう。　1つ3点(18点)

① $135 + 698$
```
  135
+ 698
  833
```

② $437 + 65$
```
  437
+  65
  502
```

③ $5296 + 3849$
```
  5296
+ 3849
  9145
```

④ $763 - 475$
```
  763
- 475
  288
```

⑤ $964 - 67$
```
  964
-  67
  897
```

⑥ $6085 - 2396$
```
  6085
- 2396
  3689
```

5 □にあてはまる数をかきましょう。　1つ2点(4点)

① 1 分 25 秒 = 　85 　秒

② 170 秒 = 　2 　分 　50 　秒

6 次の時間や時こくをかきましょう。　1つ2点(6点)

① 午前 11 時 10 分から午後 3 時 20 分までの時間。

（　4 時間 10 分　）

② 午前 10 時 40 分から 2 時間 50 分後の時こく。

（　午後 1 時 30 分　）

③ 午後 1 時 15 分から 2 時間 30 分前の時こく。

（　午前 10 時 45 分　）

チャレンジテスト①(表)　　　　　　●うらにも問題があります。

42

チャレンジテスト① おもて

1 ①かける数が1ふえているから、答えはかけられる数の5だけ大きくなります。

②かける数が1へっているから、答えはかけられる数の3だけ小さくなります。

④8のだんの九九から□にあてはまる数をもとめます。

⑥□×7＝7×□より、7×□＝70として考えます。
7×10＝70だから、□には10が入ります。

2 ③かける数が10のかけ算の答えは、かけられる数のうしろに0を1こつけた数になります。

④10×9＝9×10として考えます。

3 ①3のだんの九九を使って答えをもとめます。

②7のだんの九九を使って答えをもとめます。

④10の何こ分かを考えて答えをもとめます。
80は、10が8こだから、80÷2は、10が（8÷2）こより、10が4こで40です。

⑤わられる数を何十といくつに分けて考えます。

48は、40と8
40÷4＝10、8÷4＝2より、10＋2＝12

⑥64は、60と4
60÷2＝30、4÷2＝2より、30＋2＝32

4 くり上がりやくり下がりに気をつけて計算しましょう。

5 1分＝60秒をもとに考えます。

①1分25秒＝1分＋25秒
＝60秒＋25秒＝85秒

②170秒＝60秒＋60秒
＋50秒＝2分50秒

6 ①午前11時10分から正午までは50分、正午から午後3時20分までは3時間20分、50分＋3時間20分＝3時間70分＝4時間10分

②10時40分の2時間後は、12時40分、12時40分の20分後は午後1時、その（50分－20分＝）30分後だから、午後1時30分です。

③午後1時15分の2時間前は、午前11時15分、午前11時15分の15分前は午前11時、その（30分－15分＝）15分前だから、午前10時45分です。

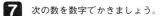

7 次の数を数字でかきましょう。　　1つ2点(4点)

① 百万を8こ、十万を2こあわせた数

（　8200000　）

② 100000 を 100 こ集めた数

（　10000000　）

8 □にあてはまる不等号をかきましょう。　　1つ2点(4点)

① 150000 ＜ 100000＋500000

② 65万－15万 ＞ 29万＋11万

9 計算をしましょう。　　1つ2点(8点)

① 76×10＝760

② 52×100＝5200

③ 90×1000＝90000

④ 2680÷10＝268

10 暗算でしましょう。　　1つ2点(4点)

① 58＋27＝85　　② 100－32＝68

チャレンジテスト①(裏)

---

11 わり算の答えが正しいものには○、まちがっているものには正しい答えをかきましょう。　　1つ2点(8点)

① 42÷5＝7 あまり 7

（　8 あまり 2　）

② 36÷6＝5 あまり 6

（　6　）

③ 40÷7＝5 あまり 5

（　○　）

④ 28÷3＝8 あまり 4

（　9 あまり 1　）

12 下の図は、みちるさんの家からから公園を通って、いとこの家までの道のりを表しています。　　式・答え1つ3点(12点)

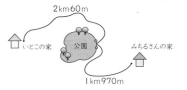

2km60m

いとこの家　公園　みちるさんの家

1km970m

① みちるさんの家からいとこの家までの道のりは何 km 何 m ですか。

式　1km 970 m＋2km 60 m
　　＝3km 1030 m
　　＝4km 30 m

答え（　4 km 30 m　）

② みちるさんの家から公園までの道のりといとこの家から公園までの道のりのちがいは何 m ですか。

式　2km 60 m－1km 970 m
　　＝1km 1060 m－1km 970 m
　　＝90 m

答え（　90 m　）

43

チャレンジテスト① うら

7 ①百万が8こで8000000。
十万が2こで200000。
あわせて、8200000。
②100000に0を2こつけた数になります。

8 不等号の向きに気をつけます。
①100000＋500000
＝600000 だから、
150000 より
100000＋500000 のほうが大きいです。
②65 万－15 万＝50 万、
29 万＋11 万＝40 万だから、65 万－15 万のほうが29 万＋11 万より大きいです。

9 ①10 をかけると、もとの数の右に0を1こつけた数になります。
②100 をかけると、もとの数の右に0を2こつけた数になります。
③1000 をかけると、もとの数の右に0を3こつけた数になります。
④10 でわると、一の位の0を1ことった数になります。

10 ①たす数を何十といくつに分けて計算します。

27 を 20 と 7 に分ける。
58＋20＝78、78＋7＝85
②ひく数を何十といくつに分けて計算します。
32 を 30 と 2 に分ける。
100－30＝70、70－2＝68

11 わり算のあまりは、いつもわる数より小さくなります。
①あまりが、わる数の5より大きくなっています。
②あまりが、わる数と同じ数になっています。
③あまりは、わる数の7より小さくなっています。
「わる数×答え＋あまり」で答えのたしかめをすると、7×5＋5＝40 で、この答えは正しいです。
④あまりが、わる数の3より大きくなっています。

12 ①次のように計算してもよいです。
1 km 970 m＋2 km 60 m
＝1970 m＋2060 m
＝4030 m
＝4 km 30 m
②次のように計算してもよいです。
2 km 60 m－1 km 970 m
＝2060 m－1970 m
＝90 m

3年 チャレンジテスト②

名前 ☐　月 ☐ 日

⏱時間 **40分**　こうかく70点 ／100

答え **44**ページ▶

1 計算をしましょう。 1つ2点(8点)
① 20×4=80　② 90×6=540

③ 300×3=900　④ 600×7=4200

2 筆算でしましょう。 1つ2点(16点)

① 47×2
```
   4 7
 ×   2
   9 4
```

② 4×26
```
   2 6
 ×   4
 1 0 4
```

③ 542×7
```
   5 4 2
 ×     7
 3 7 9 4
```

④ 336×3
```
   3 3 6
 ×     3
 1 0 0 8
```

⑤ 24×25
```
     2 4
 ×  2 5
   1 2 0
     4 8
   6 0 0
```

⑥ 40×56
```
     5 6
 ×  4 0
 2 2 4 0
```

⑦ 427×63
```
     4 2 7
 ×    6 3
   1 2 8 1
   2 5 6 2
 2 6 9 0 1
```

⑧ 803×27
```
     8 0 3
 ×    2 7
   5 6 2 1
   1 6 0 6
 2 1 6 8 1
```

3 くふうして計算しましょう。 1つ2点(6点)
① 35×2×5
　=35×(2×5)=35×10=350

② 70×2×4
　=70×(2×4)=70×8=560

③ 38×50×2
　=38×(50×2)=38×100=3800

4 暗算でしましょう。 1つ2点(4点)
① 43×2=86　② 260×5=1300

5 はかりの目もりをよみましょう。 1つ3点(6点)

①
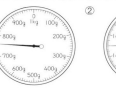

(760 g)　(1 kg 500 g)
　　　　　　　(1500 g)

6 ☐にあてはまる数をかきましょう。 1つ2点(6点)
① 3080 g= 3 kg 80 g

② 5kg 20 g= 5020 g

③ 4030 kg= 4 t 30 kg

チャレンジテスト② おもて

1 ①1けたどうしのかけ算の答えの右に0を1こつけます。
　2×4の答え8の右に0を1こつけて80

②9×6の答え54の右に0を1こつけて540

③1けたどうしのかけ算の答えの右に0を2こつけます。
　3×3の答え9の右に0を2こつけて900

④6×7の答え42の右に0を2こつけて4200

2 位をたてにそろえてかき、一の位からじゅんに計算しましょう。

②4×26のまま筆算をするより、26×4として筆算をしたほうがかんたんなんです。

⑥40×56のまま筆算をするより、56×40として一の位に0だけをかいて、十の位から計算したほうがかんたんなんです。

3 ①、③10や100になるかけ算をさきにしたほうが、あとの計算がかんたんになります。

②1けたどうしのかけ算をさきに計算します。

4 ①かけられる数を何十といくつに分けて計算します。

43を40と3に分ける。
40×2=80、3×2=6
あわせて、80+6=86

②かけられる数を何十といくつに分けて計算してから、答えの右に0を1こつけます。
26を20と6に分ける。
20×5=100、6×5=30
あわせて、100+30=130
130の右に0を1こつける。

5 ①いちばん小さい1目もりは10gです。700gといちばん小さい目もり6つ分だから、760gです。

②大きい1目もりは200gで、そのまん中の目もりは100gです。はりは、1400gと1600gのまん中をさしているから、
1500g=1kg 500gです。

6 ①1kg=1000gです。
3080g=3000g+80g
=3kg 80g

②5kg 20g=5kg+20g
=5000g+20g
=5020g

③1t=1000kgです。
4030kg
=4000kg+30kg
=4t+30kg
=4t 30kg

7 計算をしましょう。 1つ2点(8点)

① 4kg 800g＋2kg 700g
= 6kg 1500g ＝ 7kg 500g

② 600kg＋900kg
= 1500kg（1t 500kg）

③ 3kg 200g－2kg 400g
= 2kg 1200g－2kg 400g＝800g

④ 2t 600kg－700kg
= 1t 1600kg－700kg＝1t 900kg

8 □にあてはまる数をかきましょう。 1つ2点(6点)

① 7dL＝ 0.7 L

② 9mm＝ 0.9 cm

③ 2km 500m＝ 2.5 km

9 筆算でしましょう。 1つ2点(12点)

① 2.9＋3.4
```
  2.9
+ 3.4
  6.3
```

② 6.2＋3.8
```
  6.2
+ 3.8
 10.0
```

③ 4.3＋7
```
  4.3
+ 7
 11.3
```

④ 6.2－5.4
```
  6.2
- 5.4
  0.8
```

⑤ 9.6－2.6
```
  9.6
- 2.6
  7.0
```

⑥ 8－7.2
```
  8
- 7.2
  0.8
```

10 計算をしましょう。 1つ2点(12点)

① $\frac{2}{6}+\frac{3}{6}=\frac{5}{6}$

② $\frac{5}{10}+\frac{4}{10}=\frac{9}{10}$

③ $\frac{1}{3}+\frac{2}{3}=\frac{3}{3}=1$

④ $\frac{6}{9}-\frac{4}{9}=\frac{2}{9}$

⑤ $\frac{9}{10}-\frac{7}{10}=\frac{2}{10}$

⑥ $1-\frac{5}{8}=\frac{8}{8}-\frac{5}{8}=\frac{3}{8}$

11 数の大小をくらべて、□にあてはまる等号や不等号をかきましょう。 1つ2点(8点)

① $\frac{5}{7}$ ＞ $\frac{4}{7}$

② 1 ＝ $\frac{9}{9}$

③ 0.1 ＝ $\frac{1}{10}$

④ $\frac{6}{10}$ ＜ 0.7

12 □にあてはまる数をかきましょう。 1つ2点(8点)

① (3＋5)×4＝(3 ×4)＋(5 ×4)

② (9 － 2)×3＝(9×3)－(2×3)

③ 30 －17＝13

④ 48 ÷2＝24

チャレンジテスト②（裏）

チャレンジテスト② うら

7
①gどうしの計算が1500gになるから、1000gを1kgにくり上げます。または、
4kg 800g＋2kg 700g
＝4800g＋2700g
＝7500g＝7kg 500g

③200gから400gはひけないから、3kgから1kgをくり下げて、1200gにして計算します。または、
3kg 200g－2kg 400g
＝3200g－2400g
＝800g

④600kgから700kgはひけないから、2tから1tをくり下げて1600kgにして計算します。または、
2t 600kg－700kg
＝2600kg－700kg
＝1900kg＝1t 900kg

8
①1dL＝0.1Lだから、
7dL＝0.7L

②1mm＝0.1cmだから、
9mm＝0.9cm

③100m＝0.1kmだから、
500m＝0.5km、2kmと0.5kmで2.5kmです。

9
②10.0の小数点と右の0を消して、答えは10とします。

③たす数の7を7.0と考えて、4.3の4の下に7がくるようにかきます。

④一の位が0になります。0と小数点をかくのをわすれないようにしましょう。

⑥ひかれる数の8を8.0と考えて、8の下に7.2の7がくるようにかきます。

10
分母はそのままで、分子だけをたしたり、ひいたりします。

③答えの分母と分子が同じだから、1とします。

⑥ひかれる数が1だから、ひく数の分母8と同じ分母の$\frac{8}{8}$として計算します。

11
①分子が大きいほうが、大きい数です。

②$\frac{9}{9}$＝1だから、等しい数です。

④小数か分数のどちらかにそろえます。$\frac{6}{10}$＝0.6、
0.7＝$\frac{7}{10}$

12
③17より13大きい数だから、
□＝17＋13＝30

④2つに分けた1つ分が24だから、□＝24×2＝48

45

 メモ

メモ